U0273687

零起点打造

私家花园

丁方　编著

重庆大学出版社

图书在版编目（CIP）数据

零起点打造私家花园 / 丁方编著. —重庆：重庆大学出版社，2016.6（2018.7重印）

ISBN 978-7-5624-9114-9

I. ①零… II. ①丁… III. ①花卉-观赏园艺

IV. ①S68

中国版本图书馆CIP数据核字（2015）第125929号

零起点打造私家花园

LINGQIDIAN DAZAO SIJIA HUAYUAN

丁方 编著

策　划：重庆日报报业集团图书出版有限责任公司

责任编辑：王伦航　　版式设计：田丽娜

责任校对：谢　芳　　责任印制：邱　瑶

*

重庆大学出版社出版发行

出版人：易树平

社址：重庆市沙坪坝区大学城西路21号

邮编：401331

电话：(023) 88617190 88617185（中小学）

传真：(023) 88617186 88617166

网址：http://www.cqup.com.cn

邮箱：fxk@cqup.com.cn（营销中心）

全国新华书店经销

重庆共创印务有限公司印刷

*

开本：890mm×1240mm　1/16　印张：11.25　字数：183千

2016年6月第1版　2018年7月第2次印刷

ISBN 978-7-5624-9114-9　定价：58.00元

序

花园和阳台是整个居室的一双既水灵又动人的“大眼睛”，不仅能将户外的景致引入室内，同时还能通过绿色植物的装饰，将室内的格调与美感巧妙延伸到户外。如何装点自家的花园早已不是种上几盆绿色植物就能一劳永逸的事情，阳台更不是堆放多余日用品的杂物间。

花园和阳台在现代生活中所占的“戏分”已经变得越来越重，逐渐成为对生活的另一种诉求。更多的人开始懂得利用装饰物和绿色植物的巧妙搭配来为自己营造一个清新怡人的环境，陶醉在化身为“花匠”的乐趣当中，让花草的幽香和舒适的桌椅成为一天辛勤劳作的犒赏。

但现代人的花园和阳台大多受到居住条件的约束，并没有想象中那么宽敞。花园和阳台不知何时出现了一些意想不到的多余物品，行走其中总感觉有什么东西碍手碍脚，限制了“大展拳脚”的决心。于是，美丽的“花匠梦”被一记名为“现实”的闷棍敲醒。

那我们只能怨天尤人接受现实吗？本书便是以此为切入点，主要解决都市狭小阳台的植物种植、搭配问题，同时兼顾多元化住宅带有的入户花园、院子等。让读者从零开始学习和领会如何用各种绿色植物和装饰物将“小巧”的花园和阳台打造得不落窠臼，从而达到即便只有方寸之地，也能照样享受生活并充分体现生活格调的目的。

本书将为您揭示最流行的阳台花园打造密码，同时也是一本阳台及花园设计混搭法的完美进阶指导书！同时，在本书中，将为您展示最具生活气息的国内庭院实景，实例指导花园布置和植物搭配。通过最精美的植物拍摄和最深入的国内实景案例，将花园及阳台装饰的指导性、可操作性与美感完美统一。

丁 方

2016年春

在此，感谢为本书提供部分图片的品牌（排名不分先后）：IKEA（宜家家居）、MAISON&OBJET、芬兰旅游局（visitfinland.com）、西班牙旅游局、云啊设计、方振华设计公司、Design Hotels、全球奢华精品酒店（SLH）等。

目 录

CONTENTS

第一篇 花园设计

第二篇 阳台设计

第三篇 植物搭配

第一篇
花园设计

面对家中“百废待兴”的花园时，千万不要着急动手，先在脑海中设想一下花园的“蓝图”，根据现有条件做一份大致的“规划”。你会发现，你的花园在不知不觉中竟然出落得“有模有样”。因为一座美丽的花园，不仅有花草嬉戏所吐露的芬芳，更是生活格调与品位的集中体现。

第一节
订制你的专属花园风格

在日益重视个人诉求的现代，“私人订制”的观念大行其道。而花园作为房屋的延伸和展示区域，也越来越受到重视。更多的人摒弃了原本千篇一律的造型，开始动手打造属于自己的花园风格，希望将自家的花园和隔壁邻居的区分开来，展现花园的专属之“美”。那么怎样才能打造出适合自己而又有独特风格的花园呢?

确定你的“口味”

每个人都有自己的偏好，对花园的设计也是如此。有人喜爱线条明朗的欧式花园，有人却对古朴委婉的中式花园情有独钟。但花园作为一种私人化的展示区域，从本质上来说，它是需要一点“自私”的，毕竟和花园相处时间最长的那个人是你自己。所以让花园迎合自己的“口味”最重要。

搭好骨架

无论是别墅自带的前庭、后院，还是天井改造而成的院子，布局对于花园来说都至关重要，好比人体的脉络，你所要体现的格调与意境如何融会贯通必须依托布局才能建立。根据地貌特征和空间形态合理布局的花园，不但能够完美展现花园的意境与氛围，而且还能给人不同的层次感和视觉体验，从而营造丰富的想象空间，同时也能为后续的装饰和布置提供更多的灵感。

红花如何配绿叶

植物的种类纷繁复杂，如何选择适合的花草来装点你的花园？远不止红花配绿叶这么简单。首先，无论在色彩搭配还是形态表现上都要和整体布局保持统一。其次，结合花园的环境特点和季节的变化来选择生长特性较为吻合的植物。最后，在植物的数量上要根据花园的大小拿捏好分寸。

如何选择内饰

花园的装饰品和家具，是一种传递意境和格调的介质。所以要选择符合花园风格的家具与装饰品，并通过它们来突出花园所营造的氛围，起到“点题”又“点睛”的作用。同时，还要兼顾花园的功能性，为小憩玩乐、朋友聚会提供场地。

第二节
园路设计

花园内供人行走的道路统称为园路，园路的造型有很多种，由不同材料打造而成。在园路的设计上要注意与花园的设计风格及整体的布局相协调，根据花园所体现的意境选择适合的材料打造园路，让园路同样也能成为一道独特的风景线。

TOP1 栈板园路

木质的园路价廉物美，且因其百搭的特性，是花园中比较常见的园路类型。栈板天生一副“好脾气”，随意搭配几盆绿植就能使园路的氛围显得清新自然。如果有闲情逸致，为园路搭配一扇拱门，立刻增添了不少趣味性，为花园增色不少。

TOP2 步石园路

步石，顾名思义就是一步一石的园路设计。步石与草皮的组合能营造清新活泼的氛围，在铺有草皮的花园中很常见。在设计步石园路时，数量不能太少，体积也不宜过小。如果相邻两块步石的距离控制在正常人一步的范围内，那就最贴心不过了。

TOP3 鹅卵石园路

鹅卵石打造的园路，因其多变的风格和造型，是花园铺设园路的“百变星君”，更有“石子画”的美称，所以是打造园路最为常见的材质。精心设计的鹅卵石园路不但耐磨又防滑，而且能配合花园的风格打造出多种瑰丽的图案，使花园的色调更加丰富，层次感更加鲜明。

在铺设鹅卵石路时，首先要注意色泽、大小和形状这三者在搭配上的统一和谐。如果搭配切石，在切石的选择上要着重考虑造型扁平、自然的切石，并在色泽上避免与鹅卵石相同，形成相互交错、富有变化的美感。

施工时，鹅卵石园路路基做法同其他园路大致相同，但一定要确保路面的牢固性。一般先夯实填好素土，再用碎石和素混凝土先后铺上一层垫层，最后填入砂浆，再铺上鹅卵石。注意，鹅卵石埋入砂浆的部分要多一些，让石面和路面的高度尽量保持一致。并且，将鹅卵石的光滑面朝上，这样既能最大限度牢固园路，又能够确保美观。在鹅卵石的铺设上，应注意保持疏密平衡，缝隙间的线条避免直线的呆板，而不规则的线条反而能赋予园路丰富的节奏感。最后在鹅卵石的缝隙间再次填入细砂浆，起到二次加固的作用。

TOP4 阶梯园路

利用地形开凿出的阶梯园路比较适合地表有起伏的花园，漫步花园的同时又营造了“登山”的快感。在设计阶梯园路时，要注意与周围绿植的搭配，在阶梯两端栽种一些生长比较茂盛的植物，贴近自然的同时又很好地缓和了台阶棱角的生硬。

TOP5 汀石园路

花园中铺设在水面上的步石，能营造出一种柔和委婉的自然美感，适用于窄而浅的水面。汀石具有浅滩流水般的精致感，所以在设计时要注意水的深浅和汀石高度的搭配。一般来说，在窄而浅的水面上放置汀石是最适合不过的了。

汀步在施工上的手法主要取决于本身的材质，简单来说主要分为规则汀步和自然汀步两种。具有一定厚度的规则汀步，重量比较大，园路中填完沙后直接放置即可。而厚度比较薄的自然汀步因本身质量比较轻，放在水中容易移位，则需要用素混凝土铺上一层垫层，以起到加固的作用。

在铺设汀步时，距离之间的掌控需要格外注意，确定好行走路线之后，不妨来回多走几次，记录下每一步大致的位置，就能规划出汀步间最适合的距离。

汀步排列方式一般根据材质的不同来进行铺设，在同一条园路上的规则汀步，在宽度和间距上最好保持一定的统一性，如排列成直线或按照一定的半径排列等。自然汀步的形状和规划都会出现一定的偏差，所以在排列时尽量贴近自然风貌，不用排列得太规整，最好能够铺设得错落有致一些，而汀步的间距也应有一定的变化，一般在 50 ~ 200 毫米变动即可。

TOP6 碎石园路

用不规则的石块、瓦片等建筑废料打造而成的园路，能做到真正意义上的“变废为宝”，可以组合出各种精美的图案和路纹，比较适合西式风格的花园。在设计上，要注意色系之间的搭配，以免造成杂乱无章的感觉。

碎石园路在施工上并没有特别的要求，与鹅卵石园路的施工手法基本相同。但在材料的选择上需要注意。最简单的方法就是选用同一种材质进行铺设，在色系上保持相对统一。如果同时使用多种材料或多种色系的碎石铺设园路，虽能赋予园路多种变化的美感，但在材料和色彩的选择上要注意搭配好。另外，如何保持高度统一是需要着重下功夫的地方，尽量使用家中铺设其他地面所剩余或破损的同种材料，可省去切割、碾压等施工要求较专业的程序。

碎石园路的布局方式同样可以根据使用的材料进行排布。如果使用相同材质的材料，可利用家中破碎开裂的瓷砖、石块等建材，呈“人”字型或“丁”字型排列。如果使用多种材质的材料，那么就要注意整体规划上的协调性，如同一直线或同一半径范围内的材料最好选用统一的材质和色系，形成具有区域性的规划和排布。

TOP7 石料园路

以大方砖或者块石等材料筑成的路面在工艺上也比较简单，防滑和装饰性都比较好，而且能为花园营造简朴大方的氛围。

第三节 动线设计

动线决定着园路设计的位置及路线布置。而花园因受到地形、面积等诸多方面的因素限制，在单纯的花园动线设计上其实并不适宜翻太多的花样，在兼顾到园内景致的基础上，规划简单明了或者开门见山的路线，即可达到效果。

（图片来源：途家海南公寓）

狭长形的类似树状的动线，通常根据花园绿植及装饰物的布置来设计，由一条主园路延伸出几条分支线即可。沿途最好摆放几只小型桌椅，供人驻足停留观赏景色。

小巧的花园更注重实用性，所以较为适合采用单一回环的动线设计，绿色植物或饰物环绕在园路周围，在比较小的空间里让人有“走两步”的冲动。

占地面积比较大的花园，适宜采用放射形的动线设计，园路以中心景物为中心，向花园四周的绿植和物件放射布置，能够细腻地照顾到花园里的一景一物。

第四节
四种主题花园建造要点

TOP1 禅意花园

禅意是大彻大悟的上乘意境，能够打造心灵至臻至诚的境界。而打造一座具有禅意的花园并不是件困难的事情，巧妙融合各种富有深远意境的元素，注重山水画般写意自然的表达，就能使花园“悟性”十足。

1. 恬静禅园

花园是一个放松身心的地方，恬静祥和的氛围是着重突出的主题。鹅卵石铺陈的地面上放置上一座矮灯柱石雕，在背后的浅水滩和假山石的衬托下，使花园的一景定格为意境悠远的景致。行走于这样的花园让人在不知不觉中放慢脚步，净化心灵。

图为日本公园

具有灵性的禅意花园，有时候需要层层堆叠的层次感来突出意境的意味深长。假山造型的石块和各色植物都给人以丰富的想象力。古典灯柱石雕更是让人类的花园文化与大自然相融合，创造出水乳相融的深远意味。

花园小，在花园里建一座小巧的矮亭同样能让花园富有深远的意境。白色墙体塑造明净淡雅之感，石质的三角形尖顶蕴含着浓厚的东方禅意。

图片来源：摩纳哥旅游局

想打造具有深刻禅意的花园，不妨向日本人学两手。利用砂石和装饰性岩石打造的枯山水是日本人用来打造花园的常用手法之一。虽然整个布局中几乎不见绿植的踪影，但在错落分布的怪石群中，蕴藏着丰富的想象力和层次感，照样能够体会到那份只属于心灵的安宁与恬静。

Tips
必买单品

纸质的灯笼在具有东方禅意的花园里，既是别致的装饰又是照明灯具，挂在屋檐或者墙头不占地方，又为花园营造委婉淡雅的格调。

注意事项

1. 选择什么样的装饰物很重要。适合的装饰物往往起到画龙点睛、增加韵味的作用。

2、在布局上尽量不要太松散。要集中体现花园的主题，让人一眼就能抓住重点。

3. 具有禅意的花园主色调追求素雅清淡的格调。最好不要选择颜色太过鲜艳的花卉，以免犯了“荤戒”。

2. 清宁园

纯净悠远的花园有时候并不在于空间的大小，而是一种精神力量的表达。即使是刻意搭建而成的几平方米的“挑檐”，只要布置得干净整洁，放置几盆绿色植物用以“着色”即可。潇洒地席地而坐，练练瑜伽，看看书，给予身心彻底的放松。这时候，心灵才是最美丽的花园。

如鹅卵石为地基的小小楼牌，以茅草作顶，用石材打造出整体架构，显得极为朴素和真挚，散发着古朴的东方韵味。缓步穿过，仿佛来到一方清澈宁静的极乐净土。

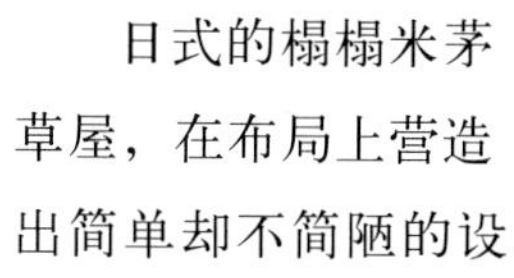

日式的榻榻米茅草屋，在布局上营造出简单却不简陋的设计风格。虽然陈设和造型都极为简约，却在简朴祥和的氛围中透露出一股纯净自然的精神力量。

户外的茅草屋可以由凉亭改造而成。如果自行搭建，需根据茅草屋的面积，在室内固定多根立柱，并安装横木为脊檩。顶部可以排列几根檩条，以方便固定顶篷的茅草。

由于搭建在户外，势必要考虑风吹雨淋的天气因素。所以在墙体材料的选择上主要以防腐木料为主，同时在四角底部有支柱的地方掘穴灌注水泥，以加强地基的牢固性。

铺设茅草的顺序一般是从下往上，一层一层地往上压，并用铁丝等物品将其固定在檩条上，最后用刷子将茅草梳理整齐。

内饰作为体现风格的主要手段，也应该以木质材料为主，尽量选择精致小巧的中式部件，色系上应当贴近木材的原色，以营造古朴典雅的氛围。不用摆放床架，直接在地板上铺上被褥，日式风格的榻榻米茅草屋便能“呼之欲出”了。

Tips

必买单品

造型复古的陶瓷器具蕴含着原始的古朴气息，不规整的做工和细节，不经意间刻画了手工打造的粗犷之美。

注意事项

1. 尽量使用贴近原始材质的物件来打造花园，以达到清宁的纯净悠远的意境。

2. 布局上尽量围绕中心景物来展开，紧扣花园的主题，同时最好能有互相呼应的地方。

3. 在物件的细节构造上，不要过分追求横平竖直。有时候随意一点，有一点差错才会显得真实和自然。

3. 藤木本色

半开放式的花园要体现恬静和淡雅的氛围，多多利用藤材制作的摆设与部件，给人以清淡朴素的视觉感受。木质地板就算赤脚走在上面，也不容易感受到地表的湿冷。配合藤制家具特有的吸热、吸湿性，塑造出花园温良淳厚的格调。

有没有想过，大量运用了木材的花园会是什么样的感觉？类似于森林木屋的风格，营造崇尚原始自然的格调。四面墙体和内部陈设几乎都是用木材打造，体现一种极其简单和纯粹的意境。

富有灵气的花园并不需要太多摆设就能体现悠远宁静的氛围，合理利用空间布局，你会发现越简单的花园越美。没有摆设茶几的花园，既释放了空间又开阔了视野。靠墙放置的沙发和储物柜，进一步有效利用空间的同时，使花园看上去空旷而不空洞。

小知识：清洗养护藤椅的窍门

用加入少许盐的淡盐水擦拭藤椅，不仅能够快捷地去除藤条上的污渍，还能使藤条保持弹性，更能起到防虫叮咬的作用。

藤条之间的缝隙又密又窄，平时特别容易落灰而且一般的抹布难以完全擦拭到，此时可以用刷子或吸尘器把灰尘扫干净。

藤椅经常暴露在烈日下，容易发生老化、脆化的现象，所以尽量将藤椅放置在通风阴凉处，能够有效延长使用寿命。

Tips
必买单品

花园里的藤椅，不一定要四平八稳。带搁脚台的藤制摇椅本身就富有悠然自得的意味，为花园注入了一股清新和洒脱的风尚。

注意事项

1. 藤木的颜色本来就有些单一，所以摆放少许绿色植物点缀即可，切忌太多馥郁压过原木的纯色。

2. 在藤材和木材的选择上，最好选择颜色相对接近的物件，避免同系色差所造成的邋遢感。

3. 在布局和物件的选择上最好符合东方人的品位，中规中矩一点总没有坏处。

4. 在选购藤椅时，坐上去摇一摇，如果出现“咯吱”声的椅子，那说明椅子已经有些老化了。

5. 辨别藤椅的优劣，最简单的方式是“韧性测试”。如果用手拧一下，藤椅出现断裂的痕迹，最好不要购买。另外，如果藤椅的断口处特别光滑，那就有用其他材料仿制而成的嫌疑了。

4. 现代禅意

在具有现代风格特征的花园中如何塑造意境的宁静悠远？最简单的办法就是在花园显眼的地方突出主题。西式简约风的大花盆里，以一尊石质佛像代替花卉，在斑驳的墙壁和绿植的映衬下，反而是一种富有想象力的景致。

想赋予花园古典质朴的悠远意境，要学会利用藤材与木材的搭配组合。圆形的藤制沙发和茶几给人圆润饱满的感觉。深色木质地板与藤椅的搭配体现了布局上的踏实与沉稳，使花园传递出包容与豁达的精神。

如何赋予花园随性的写意氛围？索性就地铺上草席，放上几只坐垫，再摆一张未经修饰的小矮桌，以极简的日式风格表达出不修边幅的“任意妄为”。和朋友们在此侃侃而谈，有一种笑看风云的淡泊与悠然。

小亭式设计的花园能够营造古朴典雅的中式风情。木质的四方桌椅配上一套精致的茶具，凸显中国人特有的温婉朴素。闲暇时，约上三五好友，喝上一口好茶，望一望满眼的绿色，就是一次心灵的沉淀。

Tips

必买单品

手工的陶瓷制品，在阳光的暴晒下沉淀出属于时光的颜色，覆盖在表面的小小绿色植物与瓷器本身有着强烈的对比。一件平常的瓷器在能工巧匠的手里，被赋予了“否极泰来”的深刻含义。

注意事项

1. 古今合璧要选择合适的地方，拿捏到位就是古今融合，不然很可能造成零零散散的感觉。

2. 适当增加一点颜色艳丽的小物件，以体现现代风格。但小物件包含的元素不要太复杂，避免打乱整体格调。

3. 布局尽量简洁明了，最好能用古朴的物件营造出简约的风格。

TOP2 加州阳光

说起加利福尼亚，最具特色的当然是灿烂无比的阳光。如果你喜欢，距离不是问题，开动脑筋在花园里倒腾倒腾，连不起眼的边边角角也不要放过。经过一番努力就能贯穿地平线，在太阳升起时，将加州的阳光带到花园。

1. 亲子乐园

花园其实也是一个能让孩子们安静下来的地方。联排的 L 形木质沙发为大人们提供了小憩休闲和享受阳光的场所，而沙发旁放置的大型牌九、积木一定能满足孩子活泼好动的天性。

加州充沛的阳光，为很多人提供了在花园就餐的条件。在花草绿植的簇拥下，不受场地和环境的限制，仅凭一顶遮阳伞就能享受一顿伴有阳光味道的佳肴。

孩子的好动让吃饭成为一个大问题，在花园里放置一套小型的桌椅，配以卡通造型的餐

Tips

必买单品

适合小孩子的小桌椅，精巧可爱。看着“小伙伴们”坐在上面嬉戏打闹，吃点心、猜谜语，一定会让你找回远离已久的童真。

图片来源：宜家 IKEA

具，让孩子们也能享受带着阳光气息的甜点时刻。

造型可爱的餐具，充满童趣，能够满足小孩子贪玩和好奇的心理，不再头疼孩子们的吃饭问题，每一餐都吃得健康又营养。

注意事项

1. 考虑到儿童的兴趣，最好选择一些颜色艳丽并充满童趣的家居和物件。

2. 翠绿的草皮不仅能给花园带来自然的气息，同时又能营造一种公园般的氛围。无论大人还是孩子都会喜欢。

2. 烧烤 PARTY

未经粉饰的地面保持了原有的地貌特色，搭配木质桌椅显得更加清新自然。彩色的坐垫给周围茂盛的花草增添了色彩上的层次感，使阳光下的花园看上去更像一座阳光花房，营造出明亮轻快的氛围。

喜欢热闹的气氛？那就约上三五好友在花园里来一场露天烧烤吧。铁质烧烤炉宣告了Party 的主题，小石子铺设的地面和木制桌椅更为贴近花园本身清新自然的风格。大波点坐垫在增添色彩层次感的同时彰显出花园力求简约的设计风格。

花园一个重要的功能就是能为朋友小聚提供举办活动的场地。利用花园的地形特点，搭建一座幔帐，挂上几只灯笼用以装饰，摆上几只桌椅。午后温和的阳光下来一场简约而不简单的 Party，一定特别受朋友们的欢迎。

开放式的花园总是备受阳光的眷顾，平坦的地形有效增加了阳光的覆盖面积，高起的木质地板平添不少美式简约的韵味，随意摆放的花卉与绿植增添了布局的层次感，使花园更具生活气息。

必买单品

带有轮子的台式小推车，既美观又实用。上下两层的设计能容纳不少物件，同时又具有一定的载重量。开 Party 时，运送美食和器具，一推就走。

注意事项

1. 在花园招呼一大帮朋友，要着重规划空间布局。桌椅的摆放要尽量做到既不占地方又能容纳尽可能多的人。

2. 想为聚会增添更多的色彩层次，那要在小处做文章。色彩鲜明的靠垫、酒杯，甚至是杯托都不要放过。鲜艳的色彩总会让人眼前一亮。

（图片来源：宜家 IKEA）

3. 阳光花房

窄长型的花园并不妨碍享受阳光。合理有效地利用布局，放置一张沙发和一张茶几的地方总是有的，于是阳光的温暖就自然而然地来到你的身边。

Tips 窄长型的花园如何选择植物？

充分利用窄长型花园的空间特色，选择一些纵向生长的绿植，如发财树、绿萝、平安树等，同样能够在空间有限的条件下营造郁郁葱葱的清新氛围。而像百日草、紫罗兰等底部占地面积大且需要大片栽种或横向生长的植物，就不太适合放置在此类花园，会造成空间有效使用率较低的情况。

如今大部分房子的花园面积有限，可我们依旧可以行使晒太阳的权利。摆上一张长桌，占不了多大地方却能更有效地利用空间，藤椅的清香和绿色

植物的清新香气能够在无形中驱散人群聚集的局促感。一大家子人或者一群朋友，在人体的“光合作用”下，聊天小憩，同样是一段悠闲的时光。

谁说花园必须是花枝招展的？黑白分明的对比也别具一番格调。一套实木桌椅有效地缓和了色系上的单调，又迎合了花园毫不做作的特色。等待一个好天气，半卧在躺椅上读上几页书，就是与阳光最纯粹的约会。

一盆雏菊成功地将花园的精致延伸到了户外，粉色系的花环构成普罗旺斯的浪漫格调。占地不大的花园，完全可以通过精心的设计弥补空间上的不足。而唯美和浪漫构成的画面，必定是小女生最爱的那一款。

Tips 铁艺形状及挂花小窍门

在铁架形状上尽量塑造比较大的弯曲度，可以增加花卉的悬挂空间。

铁架之间最好能够贯穿几根固定轴，既可增加铁架的牢固度，又能多提供几种花卉的悬挂面。

在悬挂花卉时，应该注意同一平面的花卉的朝向要错落开来，营造出立面的层次感，避免太过整齐而造成的单调乏味。

阳光下的秘密花园是一场与阳光的私密约会。用交错设计的围栏为花园带来美妙的斑驳光影，围栏边栽种的绿色植物为花园营造清新和幽静的氛围。放置一套简约风格的桌椅，享受一段美妙的下午茶时光就是如此简单。

阳面适合栽种一些不需要经常打理就能茂密生长的植物，如万年青、绿宝等植物，一片绿阴来得省力又省心。

而在交错围栏的内侧则比较适合种植一些占地少却颜色轻快的绿植花卉，提亮整体空间的色调。

因为交错设计的围栏为花园带来足够的设计感与层次感，所以在内部部件的选择上，就可以着重体现格局的明朗与简约。铁质的桌椅就是相当不错的选择，铁艺部件的线条虽简单但棱角分明的特性，让它有足够的力量丰满整个布局。而在桌椅上搭配富有弹性的布艺靠垫又能有效地弥补铁质桌椅过于单薄的缺陷。

Tips
必买单品

如果懒得费心思去设计花园，一盆造型别致的花卉同样能令花园洋溢着温暖的气息。一张白色的高脚桌占地不大，在阳光下显得格外明媚，使整个花园的色调都亮了起来。粉色系的花朵又为花园注入了一股浪漫雅致的气息。

Tips 如何挑选盆栽植物

市面上的盆栽植物林林总总，所以在挑选上要以花园的现有条件为标准。如花园的风格布局比较艳丽，那就应该挑选颜色比较单一且明快的花卉用以装饰，反之，则就应搭配颜色富于变化或色调鲜艳的花卉。另外还需注意花园的日照条件，光线好、日照强的花园就要挑选比较耐晒的植物花卉，如长春花、茉莉等。反之亦然。除了在花卉的颜色和习性上要符合花园的固有条件外，花盆的搭配也要注意和花朵的色系及生长形态相契合。颜色轻亮的花卉比较适合淡色系的花盆，而颜色比较重的花卉、植物则搭配深色系的花盆比较协调。

木制的躺椅同样适合阳光充沛的花园，色彩艳丽的坐垫、遮阳伞和暗色调的躺椅在草皮的映衬下，凸显出花园简洁明快的设计风格。一场惬意的日光浴就是这么简单。

注意事项

1. 装饰花园千万别忘了后门。无须太多复杂的工程，随意栽培几朵小花和绿植，就能为花园增色不少，为花园增添枝繁叶茂、欣欣向荣的感觉。

2. 根据地表肌理的风格设计呈现花园与土地和谐融合的原生形态。而阳光总是喜欢最自然的地方。

3. 阳光花园的主题是如何将充沛的阳光带到花园，但同样也要考虑如何应对阴雨天气。所以防雨防漏的工作也很重要。

Tips 花园防漏技巧

1. 选择搭建花园的材料与饰品时，材质的防腐性是不容忽视的标准，如防腐木、不锈钢、玻璃钢、塑料等材质的装饰品或桌椅，比较适合放置在户外。

图片来源：芬兰旅游局（visitfinland.com）

2. 在灌溉绿植花卉时，尽量别让地面产生积水，若出现积水要及时清理。

3. 定期清理绿植花卉的落叶和枯枝，避免排水口发生堵塞。

4. 光棚花园

在花园里搭建帷幔，营造出飘逸洒脱的梦幻氛围。在里面摆上一套桌椅，就可以立刻变身为避暑纳凉的好去处，同时又显得私密而幽静。和朋友在里面说上两句悄悄话，绝对有安全感。

Tips 如何挑选户外用帷幔

1. 挑选户外用的帷幔首先要考虑的就是防水性，所以在材质上首选防水性较好的布料，如尼龙、帆布、牛津布等，都是不错的选择。

2. 其次就是要挑选契合花园风格的帷幔，如飘逸唯美的帷幔比较适合清新自然的花园，颜色绚烂的则适合现代简约风格的花园。

没有飘逸下摆的幔帐看上去更像一座开放式的帐篷。在躲避烈日的同时，又和清新自然的环境发生更多的接触。木制的骨架看上去不落窠臼，又为花园塑造出原始复古的格调。

Tip 木制骨架DIY及塑木等材料的选择

1. 选用不易腐烂的材质，如塑木、杉木、防腐木等，或在普通木材上涂上防腐涂料。

2. 地面固定四根木桩作为支架。

3. 四根支架顶端连接四条木梁，再按等比例排列木条，拼接成顶篷的骨架。

即使直接用玻璃或其他材质将整个花园封闭起来，也能和阳光来一场亲密接触。顶棚和白色沙发桌椅的设计都以简单明朗的风格为主，使花园显得更加纯粹通透，向墙上蔓延

的绿色植物总给人欣欣向荣的蓬勃朝气感。而透过顶棚照射进花园的阳光，少了份灼热，多了点柔和，使整个花园的光照明媚而不明艳，让人忍不住想多待一会儿。

除了最常见的玻璃外，还有彩钢板、德高瓦、断桥铝三种材质适用于建造整体感觉比较通透的阳光花园。在封闭的环境中，适宜种植耐阴性好、易于养护且有利净化空气的花木，如龟背竹、橡皮树、吊兰、芦荟、文竹等，都是不错的选择。

Tips 室内不宜种植的植物

在封闭环境尽量不要选择种植一些香气过于浓厚的植物，如夹竹桃、黄花夹竹桃、曼陀罗花等。过于浓烈的香味，不但会给感官上带来不适的刺激，更会排放出大量的废气，对人体不利。

如果没有足够的地方放下占地较大的幔帐或帐篷，那就用遮阳伞来代替。翠绿的草皮贴近自然，栈板式的桌椅和纯白遮阳伞在设计上都极为简约大方。让人忍不住想坐上去吃点点心，晒会儿太阳。

Tips 真假草皮的选购养护技巧

在选购人造假草皮时，要注意观察其表面的平整度是否光滑，即制造工艺是否合格。另外，需要特别注意人造草皮的纤维中是否存在氯元素的杂质，该元素会在高温环境下释放出有害气体。

人造草皮在清洗和养护上并不复杂，用肥皂水擦洗之后用清水冲洗干净即可。但在擦洗时，不要太用力，以免损坏草皮表面。

如果要栽种真草皮，草皮的好坏取决于草种的优劣。一般优质的草种颗粒饱满，千粒重大，栽种后发芽率高，草皮质量较好。

真草皮在清理养护上的操作比较复杂，成本也相对较高。除了定期修剪、浇水外，首先，草皮上的垃圾要及时清理，以免腐坏草皮；其次，要定期松土，有利于草的生长；再次，还要定期施肥，提供草皮生长所需的营养；最后，还需定期喷洒杀虫剂，保证草皮健康的生长环境。

必买单品

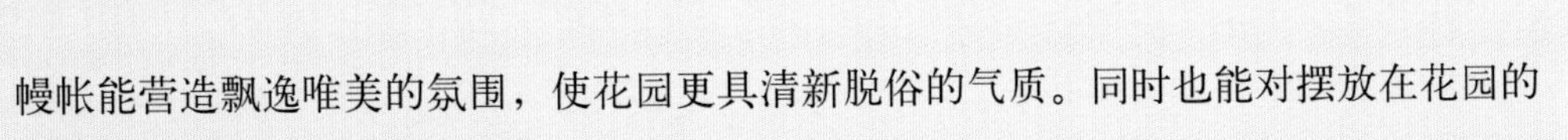

幔帐能营造飘逸唯美的氛围，使花园更具清新脱俗的气质。同时也能对摆放在花园的桌椅起到保护作用。

幔帐的选择要迎合花园的整体氛围与格局。整体色调比较轻快的花园，适宜选择暖色系的幔帐，如奶白、淡粉色，材质也要尽量轻柔一些，如纱、麻布，使整个花园有如梦似幻的仙境之感。而色彩变化比较丰富的花园，幔帐颜色则可以适当浓烈一些，材质也要有一定的质感，如丝绸、人造纤维，以此营造出神秘而又优雅的氛围。

花园的主旨是怎么舒服就怎么布置。设计风格简洁的木制沙发躺椅是必备良品，放上坐垫和靠垫，或坐或躺都是惬意舒适的享受。即使破损也易于修复，就算扔掉了也不会觉得可惜。

放置在躺椅上的靠垫，也要注意与躺椅的风格相统一。一般来说，造型简约的躺椅比较适宜搭配颜色亮丽的靠垫，而古色古香的躺椅沙发则比较适合纯色的靠垫。

注意事项

1. 花园的幔帐一定要保持良好的视野，让人置身其中，同样能够领略到外界的美丽景色。

2. 幔帐内摆放的桌椅一定要保持风格的相对统一，无论材质还是造型都要与幔帐在布局和色系上协调融合。

3. 木质躺椅的挑选首先要从颜色上入手，一般选择原木色的躺椅，一来贴近自然，二来能够在选购时看清材质上是否存在瑕疵。其次，木材上的纹理越是清晰，就说明木材越是优质，别忘记掂量一下躺椅的重量，越重的躺椅材质越好。最后，躺在上面体验一下，做工优良的躺椅不会出现颈椎疼痛的现象。

TOP3 欧式花园

如果你对欧式生活的典雅与浪漫心存遐想，却又无法与“远在天边”的欧洲大陆来一场甜蜜邂逅，那么何不破墙开洞，甚至掘地三尺将自家的花园打造成一方小小的异国他乡，在阳光和雨露的滋润下，为自己放一个“罗马”假日。

1. 英式自然

如何打造出一座正宗的欧式花园？“崇尚自然”一直是欧洲人建造花园的不二法则。欧式花园意在讲究人与自然的和谐，依附着一片野生树木开凿出的羊肠小道，再配以妍丽的花卉和人工打造的圆形花坛，给人以豁然开朗的感觉。行走在满园的野趣和扑面而来的芬芳馥郁中，心情也会随之变得鲜活起来。

在花园一角的木桌上装点一盆绿意盎然的花卉，整个空间立刻显得生动而又有张力。木质圆桌和小花

卉的组合，在视觉上使花园的整体布局更加丰富协调，更能营造出悠闲的英伦下午茶氛围。

欧式花园多以绿色为主，花卉只作为点缀，一般不会大面积栽种，所以比较适合栽种观叶类、灌木类和树木等植物，如黄杨、香桃木、薰衣草、七叶树等，都比较符合欧式花园绿植为主，花卉为辅的传统搭配。

谁说冬天不能“逛花园”？将一侧的墙壁砌出一个开放式的壁炉，在寒冷的冬日里起到防寒取暖的作用，而且还低碳环保。镶嵌在花园里的壁炉，别出心裁地将欧式建筑的传统装饰移到户外，为前来拜访的朋友创造出一个富有戏剧性的户外用餐区。

壁炉的种类分为实木炭火壁炉、电子壁炉、酒精壁炉、颗粒壁炉。样式则有现代壁炉、欧式洛可可壁炉、传统壁炉三种。壁炉作为兼装饰性与实用性的部件，要与花园的风格紧密联系起来。欧式花园，在材质上适宜采用大理石、砂岩等显现欧洲气质的材质。而如果是乡村风格的花园则多用红砖与旧木头的搭配，营造出热情随意的乡间气息。若是现代风格的花园可以直接在墙面开凿，体现现代人简约利落的生活作风。

Tips

必买单品

陶瓷花瓶很适合英伦风的清新自然，配上几枝略显张扬的绿植，生机盎然的氛围便巧妙地点缀出来了。英伦风的瓷器花瓶多以简单大方为主，切忌图案过于花哨，以免抢去绿色植物的“风头”。而英式风格的花瓶外形比较“矮胖”，且基本都没有“脖子”，与中式花瓶瘦长的外形有着明显的区别，在挑选时要作好区分。

注意事项

1. 英式花园的最大特点就是与周围自然景物的巧妙融合，在装点花园时不要将绿植修剪得太整齐，多一点自然、多一点随意，也就多一点英伦风。

2. 英国人认为在花园里栽种观叶植物是很自然的事情。绿色

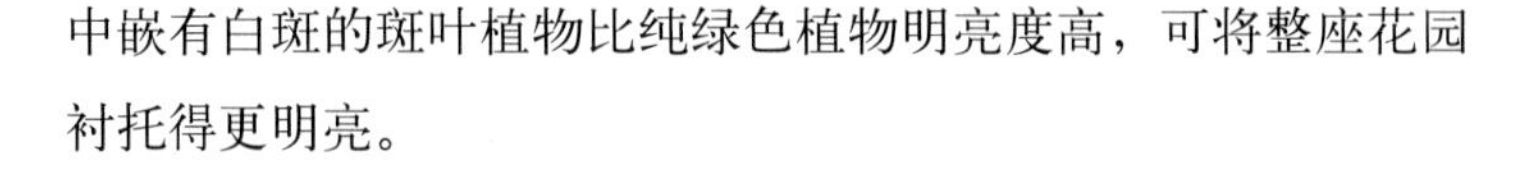

中嵌有白斑的斑叶植物比纯绿色植物明亮度高，可将整座花园衬托得更明亮。

2. 意式台地

根据地形开辟出一座意式后花园给人以层次分明的感觉，以循阶而上的平台为观景主线，小松树和石雕装饰给人错落有致的视觉体验，左右对称的植被在布局上具有一定的对称性。平台上种植的一丛花草既丰富了布局，又点缀了整座花园。阳光丰沛时，和朋友们漫步于绿意盎然中，步履一定会格外轻快。

文艺复兴特色的雕像在意式花园中能起到点睛的作用，藏身于花花草草之中也掩盖不了那股浓浓的西方文艺范儿。即使随意地放置在花园一隅，也能在红花和绿叶的簇拥下赋予整座花园浓郁的人文气息。

Tips

必买单品

意式花园必不可少的当然是具有文艺复兴特色的石膏雕塑，就算是普通的天井或者后院，放上一两座此类风格的小雕像，花园的风格立刻凸显出来。

具有文艺复兴气息的雕塑，在外型上不用要求“太干净”，做旧的造型或是偶尔有一两处小缺口反而更能体现时间的厚重感，颜色和材质多以乳白色石材为主。面积不大的花园建议以动植物元素的造型为主，放置在绿化带中，既不占地方又能增添层次感。而空间有富余的花园，则建议选择占地比较大的人形雕塑，放置在花园的留白处以丰富布局。

注意事项

1. 如何用极少的成本体现出罗马式的华丽？小型的意式花园要注重花卉在色彩表达上的浓墨重彩，花瓣大且色彩妍丽的花卉最为适合。如月季、玫瑰、马蹄莲等，都是此种花卉的代表。在栽种时，最好只种一种类型的花卉，一来方便打理，二来能够节省不少空间。

2. 如果受地形或者花园面积的限制，打造不出意式花园的层次感，那在花园里装一座小型的盆式喷泉就再好不过了，为花园增添精致水景的同时，也成功构造了层次感，而意式韵味也变得更加醇厚。

3. 德式规则

想让花园里的园艺变得简洁而富有特色，跟德国人学两手吧。德国和荷兰人的花园的特色之一就是将绿色植物精心修剪成各种规则的组合，使花园在视觉上更富趣味性，整体效果呈现出一种几何之美。

绿色几乎是所有欧式花园的主题色，而德式花园的特色就是将绿植的修剪运用得更为规整。圆环形绿植的中心置以圆形花盆的花卉，在布局上给人以环环相扣的紧凑感。而在几何形绿植内部种植的各色花草巧妙地规避了色彩单一的缺点。

正所谓“大树底下好乘凉”，坐凳树池是西式花园中常见的一种搭配手法，将花园中的绿植花卉和坐凳巧妙地结合起来，既保护了植物，又开辟出了一块可以稍作小憩的绝佳地点。

Tips

必买单品

玻璃花瓶是欧式建筑中常见的装饰品，通透的材质给人以明快之感，不放花时，它又可以是工艺品。把它放在花架上或者置于桌面，即使是在阴雨天，也能让花园闪亮起来。

座凳、树池、挡土墙

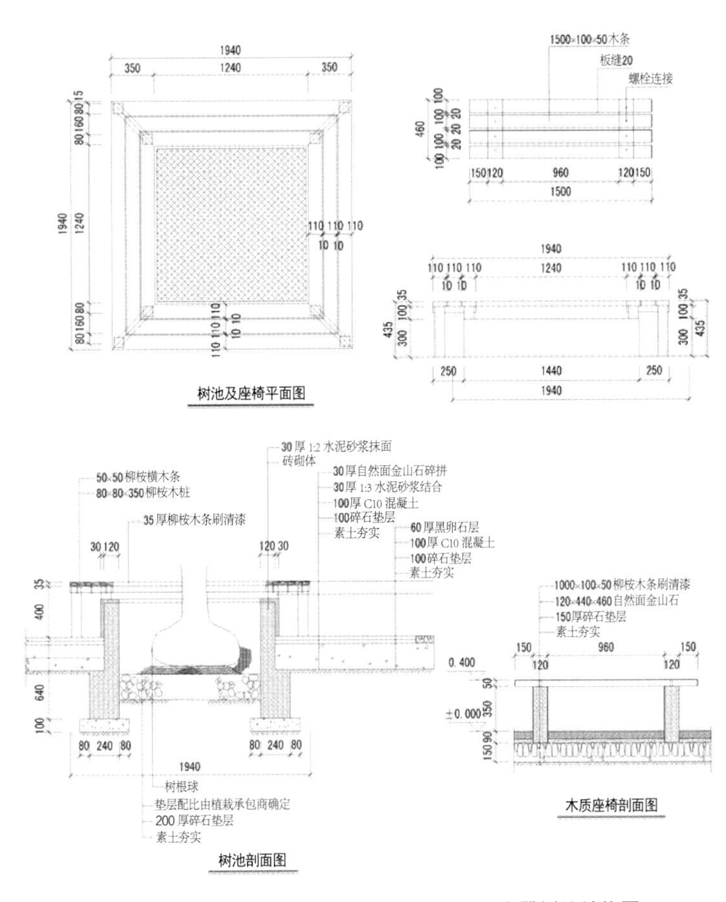

坐凳树池结构图

注意事项

1. 在绿色为主色调的花园里，点缀几小片色彩明艳的植物，形成强烈的对比，增加色调的明快感。如鸡蛋花、蔓花生、勿忘我、茉莉、一串红等花卉植物，能够轻松营造出点点红花映绿叶的效果。

2. 栽种绿植时，还可考虑搭配不同形状和质感的叶子来增加花园的层次感。一般来说，花卉周围混栽一些观叶植物，按照上轻下重的配比手法，使花卉绿植的结构显得错落有致，自然而然地打造出花园绿化的层次感。

4. 欧式田园

田园风光意在营造农家的耕作之美。暴露在外的泥土与绿植相间隔形成一抹清新的田园绿色风光，使得整个花园充满田园气息。绿植隔离出的一块休闲区域所体现的也正是乡间的隐逸和悠然。傍晚时分，迎着夕阳遥望远处，这份内心的平静格外珍贵。

有时候，几样不起眼的小部件组合起来的微景观也能达到凸显主题的效果。在花园里放上几只禽类的玩偶增添田园情趣，简陋的木质箱子又平添了几分西方乡间的质朴。而“田鼠”和“小猫”之间的追捕游戏更是让整个画面活脱起来。

为避免田园风格的花园在细节上的粗犷，造型别致的装饰品是不错的选择，不但丰富了花园的视觉效果，同时也增添不少具有田园特色的趣味。

Tips
必买单品

装饰品不一定要特地拿出来给人看，在墙体多余的空间里装上造型别致的小型铁架，乡间质朴和悠然的生活态度就自然而然地流露出来了。

注意事项

1. 田园风格的花园重在意境的表达而不是装饰的精致。所以在规划花园布局时，在原有的基础上进行再次设计，既节省成本造价，又省去不必要的麻烦。

2. 如果有足够的空间打造田垄，那就在小处做文章，开辟一平方米的地方放上几把特色农具或田园风格鲜明的装饰品，小身材同样也能有大味道。

3. 如果设计得够巧妙，花园的一部分足以体现风格，家里不用的瓶瓶罐罐都可以利用起来，摆放在墙体的花架上，体现农家朴素简洁的风气。

5. 欧陆小镇

（图为西班牙旅游局提供）

当花园的面积不足时，我们可以利用墙壁的面积，把创意和灵感呈现在墙上。墙壁经过简单的改造就能成为大花架，在上面挂满娇艳的花卉，缤纷的色彩令人仿佛步入了欧陆小镇的后花园，打造出纷繁馥郁的花园美景。

Tips 如何打造垂直绿化

家用垂直绿化，一般采用垂吊或者攀爬的方式来打造，即在墙面种植攀爬植物，如爬山虎、常春藤等植物，或者利用前面的水管等现有构造直接悬挂花盆，如吊兰、牵牛花等。在布局时，可以把墙面想象成一个大花架子，按照上轻下重的基本手法排列植物。垂直绿化长期暴露在外，光照时间过长，比较容易缺水，所以早晚适当增加浇水频次，保持土壤湿润。此外，也要定期修剪长势异常的部分，保持墙面绿化的完整性和美观度。

（图为西班牙旅游局提供）

如果不喜欢白墙青瓦的清淡，同样可以把花盆悬挂在墙面上，烘托出欧陆小镇繁花似锦的特色风情。利用大量悬挂在墙面的花卉，为花园绘制出丰富的色彩，使原本有些单调的墙面一下子多姿多彩起来。

（图为西班牙旅游局提供）

如果要把花卉悬挂在墙壁上，最好选择阳光充沛的墙面。充分的光合作用最有利于植物的生长，花卉瑰丽的色彩，使花园整体更具观赏性。最好选择耐旱性比较高的植物，如迎春花、紫藤、常春藤、蔷薇、茑萝等都是比较适宜的植物。毕竟在这样的花园里给花儿浇水也不是件容易的事。

Tips

必买单品

如果想让欧式花园韵味十足，许久不用的铁皮盒千万不要扔掉。它既可以当收纳盒，也可以装点出一盆别致的植物，甚至还能充当临时垃圾桶的角色，同时也能为你的花园营造出来一种时光的厚重感。

注意事项

1. 在墙体光线条件不理想的情况下，可以选择栽种一些不怎么需要阳光的植物来点缀花园，如紫萼、玉簪以及大多数蕨类植物（具有较强的耐阴性），或者直接用爬墙植物来

代替。爬墙植物在造型上适宜种植在屋顶，让植物生长在能够充分进行光合作用，营造绿色健康的环境。

2. 如果嫌爬墙的花卉打理起来太过麻烦，也可以选择“化零为整”的方法，在墙体栽种几簇颜色鲜艳的花朵，以达到纷繁馥郁的效果。如种植一些蔷薇、茑萝、迎春花等花瓣颜色瑰丽的花卉，依附于单根的灯柱或者水管上。

3. 窗户的装饰虽然是细节，但也同样重要，绿色系的窗户迎合了花园整体枝繁叶茂的感觉，有些粗糙的铁栏杆却也有异域小镇清新自然的氛围。

TOP4 水景花园

无论什么样的花园，一旦有了流水的环绕，想必会增添不少柔和清新的美感。巧妙运用周围的地理环境或家中的供水系统，在花园中引入一股涓涓细流也不是不可能。温和的水流在脚边缓缓流淌，潺潺水声时刻萦绕耳边，似水的柔情在心底绽放。

1. 山水原色

依山傍水的原生态花园是环保人士的最爱。归隐于山水间的花园，既低碳又健康，在布局和视觉上良好地秉持了自然风貌的原汁原味。木质的地板与澡盆巧妙地融入了周围地貌的原生态特色，从山林蔓延出来的花草营造出现代居士的幽静。而小瀑布击打河床的声音，不正是大自然最美妙的歌声吗？

错落堆砌的鹅卵石铺设在水面里，极具自然风貌。水流在鹅卵石的包围中荡漾出层层水波，粼粼的波光体现了水景的柔和之美，展现出灵气十足的动态景观。

水景花园里，巧妙运用各种石材同样重要。大型鹅卵石堆砌成的河岸为梯形水台塑造出山涧流水的写意，赋予花园更为自然的野趣，将山水画的特色呈现在

花园里。

在花园造景中，不同大小的鹅卵石与流水所形成的格局，往往能产生不同的效果。沿着梯形水流两岸排列的鹅卵石，基本按照从上到下、由小到大的堆砌方式，但不用排列得太整齐，“河岸”可以排列得错落一些，营造写意山水的清新意境。

Tips

必买单品

鹅卵石是花园最常见的装饰品，造型各异的鹅卵石总能恰到好处地点缀花园的风格，真正起到以不变应万变的作用。

注意事项

1. 对于水景的打造尽量贴近原生态的自然风貌，利用巧妙的布局最大程度掩饰人工制作的痕迹。

2. 花园的绿色植物最好不要刻意修剪，在条件允许的情况下任其自然生长，迎合自然写意的风格。

3. 鹅卵石是指长期经河床的冲刷被磨去棱角的一种天然石材，鹅卵石的挑选要从色泽和纹理上入手。一般好的鹅卵石色泽比较均匀，甚至还能呈现半透明状，在无水的情况下，石头依旧能够呈现出较好的光泽度。

4. 鹅卵石具有保健功效，但并不是所有人都适合踩鹅卵石路面健身，平足、足部受伤、受热受寒、冠心病患者尽量不要赤脚在鹅卵石路面上行走。

2. 花园浴场

受够了浴缸局促的环境，那就在花园里建造一个大水池吧。水池和花园的组合，既为花园塑造了独特的观赏性，也具有一定的实用价值。水塘可以游泳，池也可以是浴池，夏天游泳冲凉，冬天泡温泉，适合封闭或半封闭式的花园。规则的水池造型也能营造简约的水景风格。

炎炎夏日，如果够奔放完全可以在花园里冲凉。稻草堆铺设在墙头，提供较为隐蔽的冲凉场地，也能打造出独特的水帘式水景特色。花园的角落，置以绿植丰富布局，铺设小鹅卵石保持地面干燥，整体布局也营造出热带雨林的氛围。此种类型的花园因为长期受到水气侵蚀，所以地面的防水工作一定要做好，切忌在地面大规模栽种绿植。一来能够营造热带较干旱的地貌特征，二来防止枯枝落叶堵住排水口。此外，鹅卵石下层最好用混凝土或防水砂浆做一道防水层，防止湿气反蚀。除了在屋顶铺设茅草为屋檐外，花园四周再栽种些许热带特征明显的植物，如棕榈、芭蕉、龟背竹、风信子等以观叶为主的植物，增强花园的纵深感。此外，可在冲凉处搭建栈板、围栏配以常春藤等攀爬植物为装饰，在营造绿色氛围，享受清凉的同时又能较好地保护隐私。

躺椅和泳池如何完美搭配？将它搬到花园里来吧！游完泳卧倒在躺椅上，喝上一杯饮料，让阳光自然烘干身体，从露台一直延伸到地面的布帘开辟出一块休息场所。享受运动快感的同时，又在花园打造了适合都市人休闲方式的动感水景。

此类花园游泳池占去了比较大的面积，绿植一般都为集中栽种，多以形态较为低矮的灌木为主，如月季、迎春、黄杨等，丰富布局、提升花园的层次感和美感，同时又能开辟出一块可摆放小型桌椅的树阴供人小憩。

必买单品

舒适的躺椅无论用何种材质打造，总能营造出海岸风情的惬意与自然，特别适合带有水景的花园。

注意事项

1. 在设计风格上尽量走简约路线，不要让多余的杂物或装饰破坏花园的主题。

2. 主题区域的花卉和绿色植物不宜太多太杂，以免景致过于纷繁复杂，影响水景的轻灵和纯净之感。

3. 水岸花园

如果你的花园旁边正好有一条小河，那么可以索性拆掉花园的临岸围墙，把小河纳入花园，借助它来打造一座波光粼粼的开放式花园吧。开阔视野和胸襟，享受河水散发的清新自然，让小憩的时光变得像河里的鱼儿一样悠哉游哉。

充分利用河道与花园的位置，加以巧妙的装点便能为你的花园营造出独特的水城风情。红花与流水，艳丽与怡静的融合，赋予花园诗意的浪漫格调。巨型石砖垫高花园的水平位置，不用担心涨潮带来的麻烦；铁质栏杆简约美观，更不用害怕有落水的危险。置身于这样的花园，一杯咖啡一本书，就是一段优雅的午后时光。

喜欢海景，喜欢咸咸海风轻抚全身的感觉？只要有大胆合理的规划，把海岸线搬到自己花园也不是不可能。从郁郁葱葱的薰衣草地步入花园，给人来到世外桃源的神秘感。大量堆砌的白色石块与蓝色的水道在对比中孕育出随性惬意的沙滩风情，从而深层次地体现了蔚蓝的海岸线特色。

Tips
必买单品

极简主义的沙发，低调沉稳的风格不会喧宾夺主，方方正正的造型又能为花园赋予一股有棱有角的硬派作风。

雨久花

注意事项

1. 对空间布局和周边环境要有深度的了解。从周边环境的特点出发，作为陪衬的户外家具和房间的布局、构造在设计风格上做到相对和谐统一。

2. 如果要栽种颜色妍丽的花卉，尽量在颜色的选择上保持一致，花盆也最好选择同一色系的。在视觉体验上保持统一，以落花和流水的唯美风情突出主题。可在水景旁栽种对水分要求比较高的湿生花卉，如红蓼、雨久花、萍逢草等适宜在水边生长且具有一定观赏性的植物。

4. 荷花物语

花园不够大，照样可以有水景。选用材质贴近自然的石砖堆砌一条水槽，槽底铺设各色鹅卵石以丰富水底布局，巧妙设计的流水台形成循环供水系统，保证水质洁净又增加了水面的波动感，点缀两朵荷花意在表达淡雅的花园特色。鱼儿在荷叶间任意穿梭，同时兼顾了水景和鱼缸的功效。

Tips 水槽具体怎么施工

水槽的搭建要在尺寸上适合阳台的大小，一般最大不能超过阳台面积的三分之一，清理出水槽所需要的区域，并平整场地。预留好排水管道之后，地表要先铺上排水板，再用混凝土堆砌水槽或放上购买来的现成水槽，添加防腐材料。为保持水槽内的生态平衡，底部最好铺设一层防水布，放入鹅卵石、土壤等材料，既能轻松营造水景，又能为水生植物提供良好的生长环境。

汀步石、鹅卵石塑造出浅滩式的水景风格，水中漂浮的荷花营造清新淡雅的意境，间或游过几条小金鱼让布局更为灵动。行走其上，流水落花皆有情，极具观赏性。

Tips 如何打造简易浅滩效果

浅滩，最大的特点就是水质清澈见底，所以水的跨度一般不大。此类水景多以汀步石、栈板或者直接搭建一座小型拱桥为通道，便捷又能轻松营造出淡雅宁静的氛围。

在水池最初的挖掘中更要测算好深度，水深在 10 ~ 20 厘米，一般用钢筋混凝土勾勒出浅滩的大致轮廓。浅滩壁面在贴装饰性面砖之前，一定要铺设防水层，然后再放置土壤、鹅卵石、沙石等材料为动植物提供优质的生长环境。在浅滩水景中，种植几株小型荷花是不错的选择，配合清澈的水池，更能突显出灵动而圣洁的格调。需要注意的是，荷花极不耐阴，保持充分的光照是保持荷花健康生长的重要条件。

另外，此类花园的浅滩水景占地面积较小，为保持水质清洁，除了勤换水外，养几条小小的“清道夫”也是最常见的办法。

不用大兴土木也能打造精致的水景。瓷器里蘸水的荷花与青蛙雕塑的搭配很容易让人联想到乡间悠然的夏天，而生趣盎然的微水景便跃入眼帘。

Tips

必买单品

花园整体给人以一种东方委婉柔和的美感。所以在装饰物的选择上尽量走中式风格，如青花瓷等。其素雅清淡的意境十分贴合主题。

注意事项

1. 在设计风格上最好尽量少地运用到西方元素，以免给人造成不伦不类的失衡感。

2. 此类花园供水系统的设计构思很重要，结合花园的布局特点设计一套合理的供水方案，有效利用水资源，防止水流外泄，造成不必要的浪费。

3. 在花卉的选择上，除夏天的荷花之外，最好在其他季节栽种有节气特色的中式植物，以保持花园的东方韵味。

第五节
花园设计的53个误区

1. 铺草坪真的是最省力的一劳永逸法吗？

许多人喜欢在花园铺设草坪，认为这么做既好看又能保持花园整洁，而且比起打理其它绿植省心又省力。其实草坪的打理也是一件麻烦事；首先草坪的灌水量远比其他绿色植物要大得多，容易把花园浇得“湿答答”的；其次草坪需要定期的修剪以保持其表面平整；最后还需要不断调整草坪与环境的生长关系，创造保持草坪健康生长的环境。如果不打算在草坪上栽种绿植花卉以形成园艺效果的话，用假草坪装饰地面也是一个不错的选择，清洁养护时，完全可以当作一条地毯来处理。

2. 挖个池子就能养鱼？

花园里有个池子不养点什么总感觉对不起这块地方？但并不是每个池子都适合养鱼的。如果池水是死水，那需要定期换水保持水质清洁，而一池子的水换起来可不是那么简单的事情。若池水为活水，还需要根据水质和环境的条件选择适合的鱼种，不然鱼儿也会“水土不服”。花园的池子面积一般比较小，所以应以观赏性的鱼种为主。除了常见的锦鲤鱼外，可以适当养殖一些热带鱼，如斗鱼、红绿灯、黑玛丽、企鹅鱼、银屏灯等鱼种，既便宜又好养，而且还具有不错的观赏性，对提升花园气质有一定的帮助。

3. 你准备日日浇灌大花园吗？

花园里的花儿开得美丽鲜艳，是日日浇灌的结果吗？其实，绿色植物的浇灌要根据植物的生长习性，不同的植物浇水量和频率各不相同。有的植物浇水以勤浇、少浇为主，而有的植物一个星期浇一次水，照样开得鲜艳动人。

耐旱型植物	仙人掌	卷柏	长寿花	松叶牡丹	千岁兰
不耐旱植物	紫罗兰	铁线蕨	蟹爪兰	吊兰	茶花

4. 摆放华丽的装饰品能体现品位吗？

花园的装饰品是花园的“点睛之笔”，有时候也能起到体现品位的作用。但装饰品要遵从花园的整体风格和布局，要能和花园的风格融为一体才是品位的体现，不能一味选择造型复杂或奢华的装饰品来装点花园，容易干扰到花园的布局，造成失和感。

5. 改造花园一定要推倒重来吗？

通过合理的规划和布局，其实有时候，只需要在原有的基础上改造花园里的一个角落，就能够体现风格和意境。

6. 摆放在花园的家具可以任意选购吗？

摆放在花园里的家具其实也是花园的一部分，在承担部分实用功能的同时，也能让花园的观赏性更为丰富。所以花园里的家具最好是同一风格且与花园的风格及布局保持一致。

7. 花园里的绿植花卉堆成一堆就可以了吗？

要仔细观察花卉绿植的生长情况，从树叶的形状、大小到花瓣的形状大小都是有考究的。排列绿植花卉最好从布局入手，要注意由下到上、由大到小，避免上重下轻。

8. 根据个人喜好栽种植物？

每个人按照自己的喜好在花园里栽种植物本来是一件无可厚非的事情。但除了要顾及花园的风格和意境外，还要考虑土壤、气候等客观因素。在符合花园风格和栽种条件的基础上选择钟意的绿植花草，不仅能增添美感，而且又为花园塑造了一份专属的“个性”。

9. 植物都可以混植吗？

郁郁葱葱的花草给人纷繁馥郁的美感，但并不是所有的植物都可以混植的。有的植物生性“孤僻”，和其他植物混植在一起反而显得突兀，起到反作用。而且在生物的习性上，有可能和其它植物在土壤里爆发一场资源“争夺战”，这就是为什么有的植物单独栽种很好看，和其它植物种在一起反而都蔫儿了。

万物都有相生相克的道理，一般来说，在习性上截然相反的植物是无法混植的。如水仙就会被兰玲释放的化学元素毒死，喜阴的龟背竹不能和喜阳的仙人掌等植物混植在一起。月季、丁香、夜来香等具有香味的植物，本身的芬芳因子会对其他花卉产生抑制作用，影响生长。

10. 一定要栽种原地生长的植物吗？

原地生长的植物已经适应了气候变化和土壤环境，所以可以对花园其他植物的栽种起到示范作用。如果实在不喜欢原地生长的植物，可以在完全掌握气候变化和土壤环境的条件下进行拆除。

11. 生态池必须是统一的深度吗？

生态水池最好能有深有浅，创造多样性的环境，能够更好地让动、植物生长繁衍。

12. 草坪要铺满整个花园吗？

草坪的铺设要从视觉感受和布局规划两方面考虑。一般来说，占地面积在整个花园的三分之一左右效果最佳，既塑造了绿意盎然的自然风貌，又不会在视觉和布局上造成单调乏味的感觉。

13. 无论什么植物都能往生态池里放吗？

多样性是首要准则，生态池必须达到生态平衡的目的，最好选择漂浮、沉水、挺水、浮叶这四类水生植物，促进生态循环，让水池具有源源不断的生命力。

Tips 常见水生植物表

漂浮植物	沉水植物	挺水植物	浮叶植物
满江红	狸藻	荷花	睡莲
凤眼莲	温丝草	马蹄莲	萍逢草
凤眼莲	黑藻	水仙	荇菜
水芙蓉	鸭舌草	美人蕉	水葫芦

14. 花园种树会破坏地面结构吗？

花园可以种树，但一般花园的面积较小，树木又需要较大的生长空间，因此只要选择好树种，就能把大树搬到花园里。一般选择根系生长较慢的树木就不会破坏地面结构。

15. 花园大才能搭围篱？

在墙面搭建围篱是花园设计中保护隐私最常用的方法。而在建筑物比较密集的地方，其实也可以搭建围篱，比如高窄形的围篱就比较节省空间。

16. 阳光充沛的花园一定好？

阳光明媚的花园，总能给人带来好心情，但并不是所有的花园都需要充沛的日照，而要根据花园的风格来定。比如，刻意营造幽静氛围的花园，只要让阳光从树叶枝桠的缝隙中漏进来一点即可，不然灿烂的阳光会把那份幽静和神秘一扫而空。

17. 花园的观赏性优于实用性吗？

花园虽然有“花”字,但并不意味着只注重观赏性,而忽略了花园本身就具有的实用价值。供人小憩的沙发桌椅、储物柜、晒洗台等都是花园实用功能的体现，在注重美观的同时，也为花园增添了来自生活的情趣与舒适性。“美貌”与“智慧”并重的花园才是我们想要的。

18. 花园必须是绿意盎然的吗？

绿叶成阴的花园给人生机勃勃和清新自然的感觉，但并不是所有的花园都需要大片大片的绿阴来形成主色调的。根据花园的布局和意境，有时候萧条一点、破败一点，反而更能恰到好处地体现出风格与特色。

19. 一定要多种花吗？

需要注意的是，花园栽种的花朵在数量、尺寸和颜色上都要与花园的整体布局保持和谐统一，太少显得萧条、乏味，太多却又会显得色彩太过强烈，要根据花园的地形和风格来规划花卉的栽种。

20. 经常清洗花园的地毯就是维护？

许多人以为想要地毯保持干净，经常冲洗是有必要的。其实不然。如果经常冲洗地毯会影响其柔软度、色泽、光泽。一般以吸尘来作为日常维护就已经足够了，定期再进行彻底地清洗。

21. 造型越多越能提升设计美观度？

花园需要景观来点缀，造景别致的景观设计能提升花园的美感和韵味，但并不意味着造型结构越纷繁的花园越能体现格调和品位。一般来说根据花园的设计风格，设置一两处景观即可，花园的造型太复杂容易让人抓不住重点，或者产生“跑题”的现象。

22. 花园的装饰一定要靠墙放？

很多人会习惯把装饰或家具靠墙摆放，但如果家里空间足够，把靠墙摆放的漂亮家具移到花园中央，暴露在视线下会成为一个很棒的视觉焦点，起到放大空间的效果。

23. 中式花园越传统越好

用非常传统的风格来装修花园没有什么错，但还是应该让住在里面的人感到舒适。不要忘记功能性，使空间适宜日常使用、观赏和受欢迎才是最重要的。

24. 花园与居室装饰风格要统一？

花园和居室的装饰风格，其实不一定要统一规划。花园其实是可以脱离居室而独立存在的建筑。在装饰风格上要与居室区别开来，以体现功能性规划上的差异。

25. 花园越有个性越好吗？

许多人希望自己的花园能和其他人的区分开来，打造一座“个性”花园，喜欢往花园放一些稀奇古怪的小玩意儿。但在个性上一定要拿捏好分寸，恰到好处能体现韵味，多了反而会破坏韵味。一般来说点缀一二，调节花园气氛即可。

26. 花架子上一定要放置花卉吗？

花架大致分为只放一盆植物或一排植物的单层花架，可同时放几层植物的立体花架和供藤蔓植物生长的攀爬花架。在花架上放几盆花卉已经成为定势思维，但有时候根据花园的风格和布局放几样造型别致的装饰品，反而更能体现花园的韵味。比如，放上几只瓷器，就能营造花园古朴大方的氛围。

27. 花园的风格只能是一种吗？

如果独具慧眼，并有合理的布局规划，花园其实也能同时融合几种风格的装饰，但要注意视觉上的协调，尽量选择色系比较接近的装饰物进行规划。

28. 野生植物一定要去除吗？

在为花园栽种绿植时，不一定要将野生植物全部去除，偶尔留下几撮反而能为花园增添意想不到的野趣。

29. 灌溉花园可以直接用水浇吗？

花园并不适宜直接用水浇灌。一般使用小射程的喷头，能够提升浇灌的精度，所以灌溉效果比人工灌溉要好，而且价格比较低廉，在花卉的养护中也比较常见。

30. 提高品味靠艺术品？

花园的品位要从它的空间、色彩、质感等多个方面来综合提升，而不是仅从表面装饰材料上。打造花园时，要特别注意处理好与周围环境的关系、空间的关系和色彩的关系，否则很难获得一个好的感觉效果、视觉效果和触觉效果。

31. 花坛一定要用水泥加固？

水泥加固的花坛虽然牢固，但无法任意移动位置，材料也不能多次利用。可以在不用水泥的情况下，选用木材和石材等材料堆砌成想要的形状。在改变设计时，能够直接拆除，而且材料还能二次利用。

32. 遮阳篷会影响光照吗？

在遮阳篷的顶部使用透光性较好的材质，就可以完全避免这样的问题，但需要长期清理积灰。

33. 改造花园必须换土?

其实并不一定要换土，只在土壤存在问题时才进行换土。如发现积水不退、绿植状态不佳等情况，就可断定土壤内部出现坏死等问题，这时才要进行换土。

34. 所有的花卉都喜爱阳光?

并不是所有的花卉都适合长时间的日照，根据花草的习性来选择日照的次数和长短才是对花卉最合理的呵护。比如国兰等花卉其实不需要太多的日照，放置在阴凉处反而能让其更健康地生长。

Tips 常见喜阴、喜阳植物表

喜阴植物	龟背竹	绿萝	滴水观音	一叶兰	蝴蝶兰
喜阳植物	风信子	石榴	向日葵	茉莉	百合

35. 露天花园没有必要装照明设备?

花园能够营造夜景，当然也需要照明设备。但在规划照明时，要注意以景色为主的原则，规划灯具的位置和风格。一般来说，可以用投射灯光的间接照明方式来提升花园夜间的亮度，塑造优雅的环境，同时增加一定的安全性。

36. 大型树不能种在盆器里？

虽然盆器会限制树种的生长，但只要注意排水和营养的补给，还是能够在盆器里种树的。如发财树、富贵树、苏铁、平安树、银杏等，都是常见的景观树种。在养护上要从土壤开始“投其所好”，如苏铁就比较适宜略显酸性的土壤，两到三年须换一次盆土，确保土壤能够提供足够的营养。

37. 木质桌椅不能放在户外，要配备遮雨设备？

可以采用具有防腐性的木质桌椅，或者铺上一层防腐漆，定期做好维护保养，就在能没有遮雨设备的情况下，极大限度地延长木质桌椅在户外的使用寿命。除此之外，还有如秸秆板、禾香板、塑木等新型材质制作成的桌椅，也是不错的选择。

38. 一定要用鲜花装饰花园才美丽？

用鲜花装饰花园是最常用的手法，但鲜花的日常维护会让一些工作繁忙的人无暇打理。长此以往，本来娇艳的花朵却成为了花园的败笔。所以在这种情况下，可以退而求其次，选择放置一些仿真的花朵同样可以达到效果，而且也少了一份花朵凋谢时的颓败感。

Tips 如何挑选仿真花

1. 注意制作成花杆的铝线是否暴露在外，影响美感。
2. 花杆的铝线要有一定的柔软性，但不宜太粗，方便插花造型。
3. 花瓣和茎叶最好也要装有铝线，确保花瓣和茎叶不变形。

39. 只要是漂亮的装饰都往花园里放？

装饰物要成为花园的一部分，靠装饰物本身的美观远远不够，而是需要巧妙融入花园的整体风格当中。远看不觉得突兀，近看又能给人意想不到的惊喜，成为花园的风格和特色延伸出来的“亮点”，才是比较理想的装饰效果。

40. 设置水景需要面积较大的花园？

其实关于水景的设计并不需要太大的空间，利用合理的布局和巧妙的设计，放置一座微型的水台雕塑也不失为一种节省空间而又增添美观度的好方法。

41. 墙面的颜色越干净越好？

花园多见纯白色的墙面，但并不意味着花园的墙面不能出现其他颜色。在墙面上绘制一些图案或刷成其他颜色，反而能为花园营造一份浓郁的艺术气息。如欧式风格的花园，可在表面上绘制具有文艺复兴时期特色的油画；比较贴近原始风貌的花园，墙面上不妨画上一些类似图腾的图案；现代风格的花园，将街头涂鸦移植到自家的墙面上也是不错的选择。

42. 花园的装饰品一定要新的？

装饰品的新旧由花园的风格决定。比如，田园风格的花园其实比较适合家里用过的瓶瓶罐罐，或者做旧风格的装饰品，而新买的装饰品在气质上容易和花园的风格发生冲突。

43. 建筑废料没有用处？

多余的建筑材料用处其实有很多，可以用来堆砌花坛，铺设地面，甚至还能用来打造花园的景观。

44. 花卉绿植要修剪整齐？

花卉绿植的修剪根据花园的风格和气质而定，并不都需要修建得整齐划一。如在崇尚原始自然氛围的花园里，花卉绿植以自然的生长形态为美，所以几乎不需要任何修剪。

45. 绿植一定要栽种在地面上？

花卉绿植放在地上或者桌面上似乎已经成为一种定势思维。但也可以突发奇想地将它们摆放在其他地方，制造意想不到的惊喜和独特氛围。比如将花卉悬挂在墙上，让攀爬植物爬满屋顶，在保持花园原有的风格上又平添了一份梦幻气息。

46. 花园没有防水防漏的必要？

任何建筑都需要做好防漏工作，千万不要以为露天的花园可以任凭风水雨打。如果不规划设计好排水、防水方案，除了花园的结构会遭到破坏以外，室内装修也会受到不同程度的损坏。

Tips 花园防水施工工具图

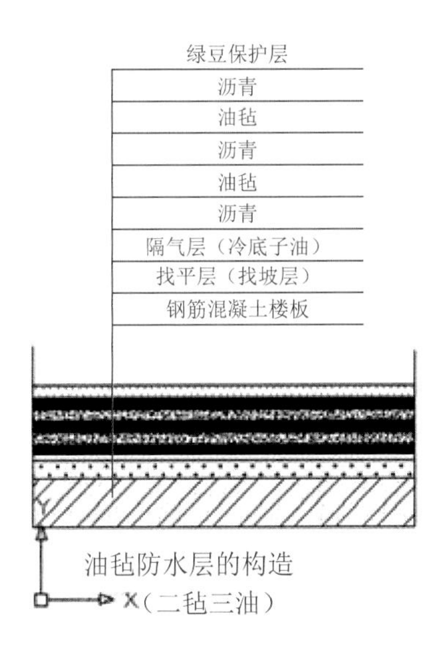

油毡防水层的构造（二毡三油）

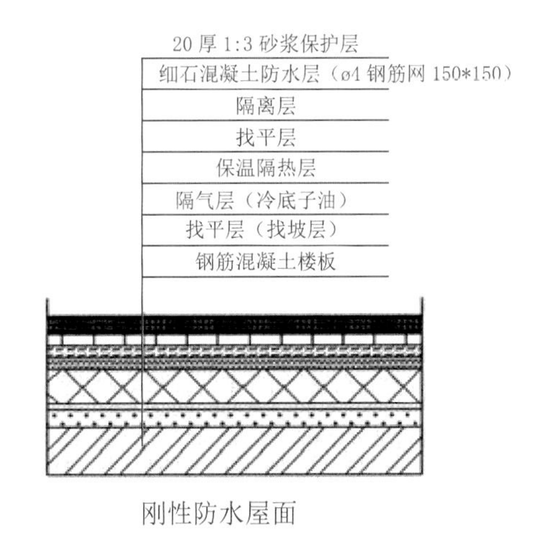

刚性防水屋面

47. 花卉的颜色可以随意搭配？

花卉的颜色搭配首选要遵从花园的整体风格，还要遵从色彩搭配的原理，才能进行颜色选配。如果随意搭配则会破坏花园的视觉美感，让花园显得杂乱而没有章法。

48. 花园防不了蚊虫叮扰？

夏天是花园最愁人的季节，蚊虫的叮扰不能让人长时间地在花园逗留。其实在花园里可以栽种一些除虫菊、丁香、薰衣草等具有驱虫功效的植物，既有效地防止蚊虫叮扰，又能增添美感。

Tips 防蚊虫植物列表

薰衣草	薰衣草的香气不但提神醒脑，更能防蚊驱虫，预防感冒。
艾草	端午插艾草不仅是一种风俗习惯，更有防蚊的效果。
白兰花	白兰花的香气清新怡人，更能长效防止蚊虫侵扰。
八角茴香	八角不但能够做成调料和药草，其挥发出的特殊气味也有驱蚊效果。
薄荷	薄荷连续放在阳光下几天，产生强烈的香气，不仅好闻，驱蚊也有奇效。
驱蚊草	专门用来驱除蚊虫的植物，20 厘米高即可去除 10 平方米内的蚊虫。

49. 装饰品放在显眼的地方才能起到作用？

花园一定以景为主，装饰品起到衬托景色的作用，或者组成景观的一部分，使花园的整体景致更有韵味和美感。所以装饰品的摆放不宜太显眼，以免避重就轻。除非某件装饰物本身就是花园所要突出的重点。

50. 花卉的颜色越艳丽越好？

花卉的颜色取决于花园的风格，清新淡雅的花园自然适合颜色清淡的花卉，从而营造恬适的氛围。而风格热情奔放的花园就比较适合颜色比较重的花卉，以浓墨重彩的色调来突出花园热烈丰满的氛围。

Tips 常见花卉色彩搭配列表

主色	辅色	营造效果
红	绿色	鲜艳夺目
粉	黄色	热情饱满
	紫色、蓝色、白色	高雅端庄
橘	黄色、绿色	清新怡人
	浅紫、蓝色、白色	高雅端庄
黄	绿色	绚烂夺目

（续表）

蓝紫	蓝紫、浅紫	清新舒爽
	紫色	优雅别致
	粉色	可爱俏皮
	浅蓝、白色	清凉舒适
	黄色	鲜艳亮丽
	浅紫、白色	浪漫梦幻

51. 椅子一定要相同的色调和款式？

根据花园的功用和气氛，花园里摆放的椅子其实并不用刻意地统一色调和款式。花园里的一场聚会，椅子的色彩和款式若是缤纷多变一些，反而更能营造出聚会时活泼热烈的气氛，更能使人感到无拘无束。

52. 小花园不能铺设园路吗？

园路的设计比较适合占地较大的花园，如面积比较小的花园要铺设园路，尽量走简洁明了的设计路线。不要小看小小的几块汀步石，有时候反而能为花园平添几分精致可爱的惊喜。

Tips

汀步石的分类

汀步步石

荷叶汀步

汀步步石

汀步步石

荷叶汀步

仿自然树桩汀步

自然山石汀步

仿自然树桩汀步

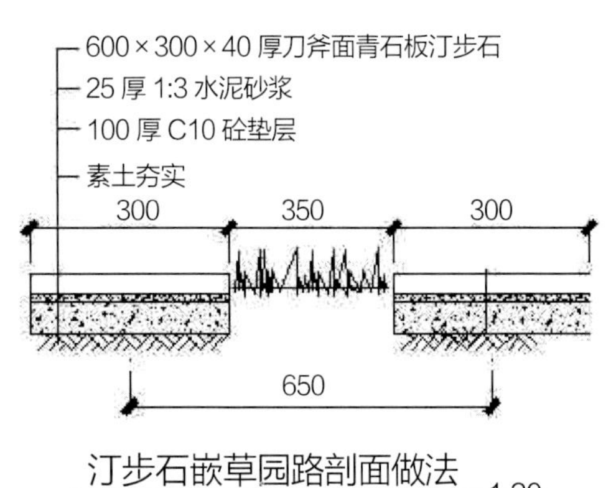

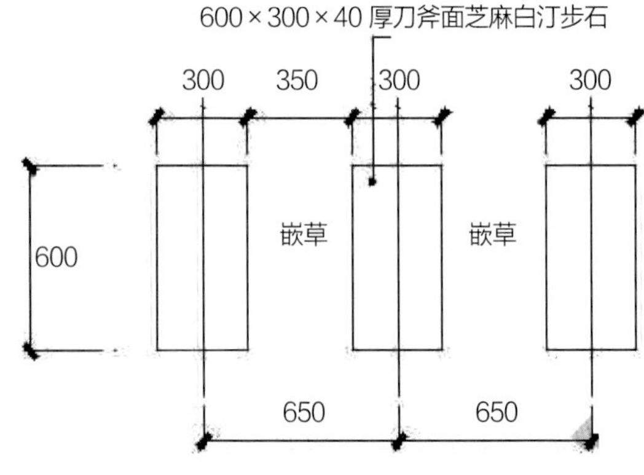

汀步石嵌草园路平面大样

汀步嵌草园路的做法施工图

53. 花园的“领空”不需要装饰?

花园的顶部常常是装饰的空白区域，如果将这块地方利用起来又能为花园增色不少。如在花园里搭建一座攀爬架，栽种一些藤蔓植物，能使花园更贴近自然。

Tips 攀爬架如何搭建?

植物攀爬架，其实就是搭建一座小棚，用家中多余的建材做好四个支架后，顶棚用木、竹或其他材料等按比例排列铺满即可。而藤蔓植物的种类繁多，攀爬架的设计应根据种类的不同作相应调整。如紫藤的枝叶比较粗大茂密，对攀爬架负荷较大，所以要选用承重力较强的材料。葡萄架要有充足的通风，所以攀爬架顶端材料的排列不宜密集。葫芦、丝瓜、牵牛等藤蔓植物，需要借助牵引力才能攀爬，所以柱梁板之间也要有支撑和固定。

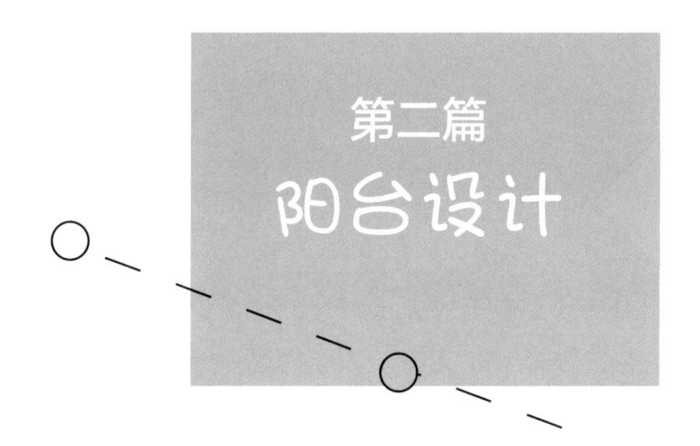

第二篇 阳台设计

阳台是一座搭建在半空中的花园，一块动静皆宜的地方。既可以是家中的风景区，又能是工作区，为日常生活提供了多姿多彩的变化。所以合理规划阳台的布局，不仅仅是一种美的享受，更是一种富有生活气息的情趣。

第一节
阳台设计——空中花园的搭建攻略

第一步 地面防水怎么做

阳台作为住宅中的休闲区域，美观性和舒适度一直是最为显著的两大特质。特别是建筑面积比较小的房屋，阳台的功能早就不是存放物品、晾晒衣物这么简单，更是一种心灵的释放和依托。所以在设计之初关于地面的防水工作是最关键的问题。毕竟再美的阳台，也抵不过雨水的侵蚀，防水工作没有做好，不但会让阳台显得破败，而且还会引起邻里间不必要的矛盾。

第一，在设计时，要注意让阳台的地面形成一定的坡度。在较低的一端设置排水口，为的是让雨水乖乖地流向排水管道，避免“水漫金山”；另外，还可在排水口上加装高脚落水头，避免绿色植物的落叶直接堵住排水口，造成阳台地面积水。

第二，尽可能在阳台和居室之间保持一定的高度差，一般 2 ～ 3 厘米为宜，避免雨水侵扰到室内。一般可用大理石板来装饰阳台和居室的衔接部分，巧妙地做出高度差又保持了阳台的美观。不过要记得针对石板衔接部分做好防水防漏的措施。

第三，在阳台地面涂抹一层防水涂料，能有效避免雨水的渗漏。在使用防水涂料之前，要注意保持表面干燥，将涂料搅拌均匀后方可涂抹。涂抹时，要反复轻刷几次，确保涂抹均匀且无遗漏之处。此外，要注意天气变化，下雨天最好暂缓涂抹，避免影响防水效果。

第四，如果想在阳台的地面直接栽种绿植，那最好再设置一道防水层的工序，避免多余的水分渗透至阳台的水泥层或瓷砖，造成地面破损。在施工时，根据环境需求和实际情况，可选择使用防水涂料或者防水毯等固体材料。

第二步 花坛怎么砌

在阳台堆砌一座小小的花坛，不仅能提升阳台的美感，而且还能进一步体现出空中花园所蕴含的生活情趣。但建造花坛可不是一件容易的事情，不仅在外观上要与阳台整体风格相符，而且花坛内部的构造与设计也需要细细考量。

首先，花坛的区域选择要根据阳台的地形合理规划，在布局上不能占据太多的面积，最好沿着墙体堆砌，或者利用阳台的拐角处搭建。一来能够节省材料，二来能够弥补空间上的留白，使阳台的内容丰富而有层次。

其次，在土壤的选择上，最好使用密度不太大的土，以免压坏阳台结构。多用富含腐殖质的土，土质最好是团粒结构，使花坛的排水性和透气性都有显著的提升。

最后，花坛的内部构造最为重要。做好防水和导水设计，避免水土流失和烂根现象。在建造花坛时，可在泥土层下面铺设一层厚度在 7 ~ 8 厘米炭渣滤水，炭渣上再铺一层土工布起隔离作用，可有效避免水土流失的现象发生。此外，花坛排水口还需用旧化纤布遮挡，防止泥土流入排水管造成水管堵塞。

第三步 阳台的功能区域设计与规划

阳台作为住宅的延伸区域，虽然面积一般都不大，但通过细心地规划，明确地划分出各具特色的区域，体现出主人的生活品位与格调也并不是不可能。

种植区

在阳台上种一些花花草草是很多人爱干的事，谁不喜欢自家的阳台上多一点绿色呢？但在阳台栽种绿植时，要注意做到“精打细算”，毕竟不是每个人都有在阳台搭建花坛的富余空间。所以要合理利用布局，尽量向阳台以外的地方“要地方”，将内饰紧紧包围起来，形成绿阴环绕的效果。在几乎没有占用阳台面积的情况下，巧妙地营造出清新自然的氛围。

早餐区

在阳台享受一顿就着阳光吃下去的早餐，想必一天都会元气满满。设置早餐区域时，由于用餐的时间不会太长，在桌椅的样式选择上以轻便的折叠式为主，随时随地能够腾出空间以作他用。如果面积稍有宽余，可选择将桌椅放置在阳台较中间的局域，在视觉和布局上起到放大空间的效果。

Tips 如何选择餐桌餐椅

1. 尺寸上适合阳台的大小，阳台尽量不要使用圆桌。
2. 桌椅的风格与色系应与阳台的整体布局相统一。
3. 不宜选择材质比较笨重的桌椅，避免桌椅太重增加阳台的负担。
4. 尽量选择移动方便或可折叠的桌椅，为阳台节省空间。

休闲区

阳台的休闲区是一个放松心情的地方，同时又能体现阳台的整体风格。所以摆放在休闲区的物件不能太多，但一定要和阳

台的整体风格相吻合。有时候，一张小桌子和一把摇椅就能给休闲区带来闲适和安逸，并在一定程度上丰富了阳台的内涵，可以成为一个聊天小憩的地方。

储物区

阳台的储物区作为集中体现使用价值的区域，在规划上要好好利用阳台两端的墙角，配合类似于立体花架的多层结构架子，多多向墙面要地方。这样储物区看上去既干净整洁，具有层次感，又巧妙地避免了因面积的限制而造成阳台杂物多而乱的现象。

Tips 如何定制、规划储物区

一般来说，储物区域最好规划在不显眼却又比较顺手的地方，如与厨房相邻的阳台，储物区域一般规划在靠近炊具一侧的墙体，锅碗瓢盆、油盐酱醋“呼之即来”。与客厅相邻的阳台，储物区也应该靠近阳台两端的墙体，收纳一些水瓶茶具等待客之物，既不影响景致，又能尽到地主之谊。而与卧室相邻的阳台，则适合在两端墙体的储物区域放置一些棉被、枕头等物体，提升卧室的舒适度。

第二节 八种主题阳台设计

TOP1 迷你天地

如果没有很大的花园或者阳台来施展才艺，如何在面积有限的阳台里搭建绿色空间，甚至放下一两张桌椅，来个阳光下午茶？迷你天地中，发挥想象力，向天空，向墙面，向护栏借地方，同样可以打造极具特色的阳台风景。

立体花架占据的阳台面积非常小，却同样可以容纳不少的绿植。在阳台的两端各放置一个立体花架，再小的阳台也能容纳一二十盆花卉。花架采用层层递进的陈列方式，因此在排列植物时，要注意由下到上、由大到小，避免上重下轻。阳台外侧则可以放置一排更小的置物架，放些蜡烛，在夜晚，点点烛光更能烘托出阳台的浪漫意境。

Tips 立体花架如何选购

1. 尺寸大小要和阳台的宽度相契合。

2. 要和阳台其他部件的风格相统一。

3. 建议以防腐防锈的材质为主，如不锈钢、防腐木、铝合金等。

4. 如要自行制作，可利用废弃的书架、储物柜、衣橱等部件，并改造成适合阳台的尺寸和风格，节省人力物力。

立体花架和吊兰的组合运用，在空间上增加了绿色的视觉效果。木质地板更贴近自然，也利于水渍的自然干燥。铸铁茶几和餐椅是园艺风格阳台的最佳搭配之一，能够营造清新自然的田园风格。

即便只有摆放几盆雏菊的空间，营造美丽阳台的愿望也总是在脑海中萦绕。所以在花卉之外，也可以借助一些美丽的灯光。有着花朵外形的LED灯束丰富了阳台的色彩，也增加了柔美的韵味。

可折叠的户外桌椅特别适合迷你空间，有朋友来时，打开就组成了一个户外的小天地，日常生活中，折叠起来，为阳台的晾晒、收纳挪地方。

Tips 户外折叠椅的挑选要点

1. 亲身体验折叠椅的舒服程度，适合自己的才是最好的。

2. 摇晃几下，如果椅子的结构依旧牢固，说明质量不存在问题。

3. 注意椅子焊接处是否光滑平整。

4. 折叠椅一般在材质上分为木质、铁质和布艺。选择时注意和阳台的风格、气质相契合。

不足一平方米的阳台，甚至没有墙面空间可借，怎么打造出舒适的阳台？那就让铁丝网来帮忙。在防盗之外，铁丝网也能营造全新感受，几盏煤气灯营造出浓浓的怀旧氛围，如果再挂上一些绿色植物，为怀旧风格的阳台增加一丝活力和生气。

Tips 铁丝网的造型法则

1. 纵横交错的铁丝网不宜分布得太密集，否则容易造成视觉疲劳。

2. 铁丝网的粗细要适合铺设区域的大小，一般来说比较小的区域铁丝的间距要相对大一些。

3. 铁丝网不宜选择太深的颜色，如黑、灰等色，容易造成压抑的感觉。

要把阳台打造成茂密的小花园也不是不可能。充分利用护栏内外，悬挂足量的小簇花卉，阳台的两头则用立体花架来摆放各种中等体积的绿色植物，如吊兰、文竹、芦荟、菊花、风信子、栀子花等绿植，甚至墙面也不要放过，绿色系的墙饰让阳台从平面到立体空间都洋溢着浓浓的花园气息。

TOP2 百变阳台

小小阳台如何实现多功能化？首先，绿化尽量不要占用阳台空间，吊在护栏外的绿植和悬挂在墙面的吊兰都是小阳台的首选。其次，家具要可收可放，随机应变。早上打开折叠餐板，餐椅展开就是个阳光早餐室；中午，打开立式晾衣架则变身晒台；下午，折叠起来的帆布躺椅打开，则能尽享午后阳光。因此，选择阳台家具要不多不少，恰到好处。

长条形阳台空间比较狭窄，在装点阳台时，要注意高低交错，从视觉上调整空间布局。轻巧便于移动的家具和折叠躺椅仍然是阳台变化的两大法宝，如果经常会有朋友来，不妨多准备几套，在天气晴好之时，户外时光总是特别受欢迎。

Tips 长条形阳台如何做到不狭窄

1. 多多利用可折叠、可移动的部件，在需要时才拿出来使用。
2. 绿植花卉在造型上尽量选择枝叶比较细的植物，和比较狭窄的空间构造保持呼应和统一。

3. 狭窄的阳台可以多多利用两端及墙面的空间丰富布局，可在两端摆放花架，墙面悬挂绿植。

为摆放在阳台的绿色植物浇水，很容易洒在楼下住户洗晒的衣物上，引起邻里间不必要的矛盾。那就开动脑筋，用喝完的矿泉水瓶自制一只滴液壶悬挂在栏杆上，用引流管为绿植输送健康生长所必需的水分。

阳台陈设的巧妙布局很重要，将绿色植物层层放置于设计巧妙的铁架子上，既为阳台节省了不少空间，又是一份秀色可餐的“视觉甜点”。木质的折叠桌椅打造出亲近自然的田园风光，又进一步增添了阳台在空间利用上的灵活性。无论是一个人的小憩时光，还是与朋友的小聚，一定能带来格外明朗的心情。

Tips 如何 DIY 铁架子

1. 平时注意收集家中废弃的管道、罐头、铁盘等物品。

2. 结合阳台布局设计铁架的草图，罐头和铁盘以管道为轴，尽量保持左右错落的格局，营造层级感。

3. 利用焊接等技术将罐头和铁盘按照设计构思固定在管道上。

不规则的阳台在装点时要注意掩盖“空间棱角”，充分摆放的绿植花卉是最简单，也是最有效的手法。待客用的沙发也可根据空间特点自由摆放，不但合理利用了空间，而且

还为来访的朋友开辟了一块聊天场所。移动晾衣架为阳台增添了不少实用性，晾晒出来的衣服不仅有阳光的味道，还沾染了不少花草的自然气息。此外，如浇水壶、坐垫、装饰性的彩色小灯泡、创意标志牌等，都是不规则阳台的百搭小部件。

Tips 移动晾衣架的选购技巧

1. 建议选择不锈钢材质的移动晾衣架，防腐防锈且承重力强，兼具美观与实用性。

2. 尺寸与风格要和阳台统一，避免突兀。

封闭式的阳台，虽然在格局上限制了阳光覆盖的面积，但只要略微做一些改动，将桌椅移动到正对窗户的位置，在绿色植物的环绕下，照样能够享用阳光调合的清新早餐。

封闭式的阳台可以大量运用墙体的空间，同样能将阳台装点得郁郁葱葱。墙面上悬挂植物标本营造出来的盎然绿意，可以有效弥补日照死角所造成的风格缺失。藤制的沙发放在光照最充沛的地方，让阳光肆意地晒在身上，脚边再放置几盆绿色植物把玩欣赏。从而在繁忙的都市生活中营造出自得其乐的恬静氛围。

TOP3 温馨适意的早餐阳台

一日之计在于晨，清晨享受一顿美味的早餐，一整天就会有源源不断的活力。那就赶紧开动脑筋，把可以利用的空间全部利用起来，将阳台改造成一间小小的餐厅，在晨光的滋润下，感受城市慢慢苏醒的节奏，让一整天都充满朝气。

阳台多以长条形为主，完全可以将其中的一端利用起来，摆放一张可折叠的小餐桌，吃完早餐就可立刻收起，既小巧又实用，在朝阳下显得格外别致。吊兰和吊灯的运用驱走了最后一丝困意，又为一整天的开始注入了一股清新自然的气息。

Design:
Åström
2004
IKEA

阳台空间有限，将绿色植物和花卉全部悬挂在护栏外是常见的拓展空间的方法。阳台内部只摆放一套桌椅和一盆绿植，便可达到极为简约的效果。没有靠墙放置的餐桌，视觉上又起到了放大空间的效果，享用早餐的同时也开阔了视野，让一天的胸襟都变得格外豁达。

Tips 如何提高阳台的安全性

1. 增高护栏，护栏越高，阳台越是安全。

2. 在护栏的上方搭建铁丝网。

3. 在护栏外沿挂满绿植花卉，搭建起一座天然的绿色屏障。

如何在长条形的阳台上享用一顿美味的早餐？可折叠的桌椅是最理想的工具，用餐时将其全部展开，阳台立刻变身为小巧的临时餐厅。带滚轮的台面可以摆放多余的餐具和食物，不用时一推就走，不占地方。护栏上的遮阳伞和小型花卉又将阳台装点得清新自然，使阳台在整体布局上显得精巧可爱。

如果阳台的空间不那么局促，可以考虑露台餐厅式的设计。纯白色桌布和桌椅让早晨显得特别恬静，配合罗马式的护栏和一大簇艳红的花园，让每一天的早餐都像是假日的清晨一样惬意而悠然。

TOP4 地中海的阳光和鲜花

如果阳台日照充沛，可以充分利用阳台护栏、墙面等空间，装点出鲜花簇拥的感觉。在鲜花绿植尽量少地占据阳台空间的情况下，使家中这块小小的方寸之地具有地中海风情的明媚与怡然。

形状不是很规整的阳台，若是结合空间的特点进行装饰，其实也能摆下一套沙发和茶几。长条形沙发摆放在墙体的一侧，美观又节省空间，茶几上点缀两盆绿植，用以丰富格局，两张单人沙发放置在不规则的一侧能够有效掩盖空间上的缺失感。而全部栽种在防护墙外侧的绿色植物，又巧妙地将阳台的精致延伸到室外，同时也把阳光“请”了进来。

看惯了非黑即白的桌椅，摆放在阳台的餐桌也可以选择比较亮丽的颜色。大胆采用红色调的桌椅，为阳台带来了十足的朝气，造型别致的护栏和灯柱又打造出了鲜明的欧式风格。

而热情饱满的一天就这样从阳台开始。

阳台上的家具全部采用可折叠的桌椅可做到最大化地利用空间，而全部木制的陈设在风格上显得极为简约，让日照充沛的阳台更贴近自然。简简单单的几盆绿色植物既丰富了色彩，又很好地契合了简单自然的布局，使阳台具有干净清新的气质。

全封闭的阳台其实并不是一个封闭的空间，利用三面墙体不规则的特点装上三扇大大的窗户，让光线毫不保留地透进阳台，同样能够营造阳光明媚的氛围。阳台不需要复杂的内饰，摆放一套简洁的桌椅，一盆瑰丽的花卉就可以丰富整个空间的色彩，塑造出具有清纯气质的阳台。

TOP5 充满现代气息的时尚阳台

在小处做文章是现代阳台的设计要点。如何让阳台在有限的空间里显得精致而不局促？在布局上要考虑到“边边角角”的细节，为阳台尽可能多地拓展空间，搭配设计感鲜明的装饰，拥有现代感十足的亮丽阳台也并不是不可能。

书房和阳台连通的布局，为两者在工作时巧妙地提供了空间互动的条件，既在阳台开辟了工作区域，又为书房提供了休息场所。阳台上只摆放一张设计简约的沙发，体现商务人士纯粹、直接的休闲方式，同时又具备比较开阔的视野，为工作提供拓展思维的有利条件。

用旧的桌椅放在客厅显得太过寒酸，放进阳台却能起到“变废为宝”的神奇效应。线条流畅的桌椅即使有些锈迹斑斑，在立体花架的映衬下却极具现代简约的风格，从而使整个阳台具有错落有致的层次感。

阳台的空间其实也用不着太大，容得下几样家具的地方就可以注入靓丽的时尚气息。藤制的白色沙发和茶几配以亮色的条纹坐垫，在布局上舍弃了绿植的纷繁显得更加简单和纯粹，从而塑造出明亮轻快的现代设计风格。有没有想过，其实有时候几张舒适的沙发就能代表一段惬意的午后时光。

只要规划合理，其实阳台也不用太多的点缀和摆设。纯白色的桌椅简约而纯粹，在阳光下能提高阳台色泽的饱和度。随意摆放两盆绿植，点缀了色彩又丰富了布局，营造出一种清新素雅的意境。无论与朋友在此小聚聊天，还是独自一人休闲小憩都是那么悠然自得。

Tips 纯白空间如何营造和搭配？

纯白的空间给人以纯净通透的感觉，所以在装饰时对色调的把握十分重要，切忌大量引入与白色相冲的颜色，如黑、红、紫等比较绚烂的颜色，最好从桌椅到门槛都保持统一。在装饰物的搭配上，也应该以简单舒适为主，一般线条明朗的简约风装饰物即可达到效果。同时在绿植的选择上，过大过多或者过艳都会对原有氛围造成冲击，一般在桌椅或者视野所及之处放置一两盆常绿植物即可，如万年青、燕子掌、芦荟等，都是不错的选择。

如何为阳台营造幽静的氛围？其实最常见的窗帘就能做到。一条纯白色的窗帘既能营造出清新淡雅的氛围，又能为阳台提供较好的私密度。同时配合木质桌椅的摆设与栈板的铺陈，简单纯粹又贴近自然，创造出宁静的环境。悠闲的午后，半卧在躺椅上或喝一杯醇香的咖啡就是一段惬意的时光。阳台与卧室相邻，窗帘若选用一般窗帘，会产生遮光度不够的现象，而白色窗帘在这方面的弊端更为明显。所以窗帘本身的材质建议侧重考虑遮

阳和防紫外线的功能。另外，再加装一层遮阳布，不仅遮阳，还能达到隔热的效果。窗帘的风格和色彩需要与卧室的整体风格保持相对统一，而纯白色的窗帘比较适宜整体布局较干净素雅的卧室。

阳台的布置与整体布局相融合是阳台设计的要素之一。正方形的阳台可以放置四人座的桌椅，使布局显得充实而丰满。沿墙角砌成的花坛又和阳台形成了对称，使花卉和绿色植物的层次感和色泽得到进一步的体现，从而让阳台沉浸在悠闲轻松的下午茶氛围中。

TOP6 简约而不简单的工作阳台

工作阳台，在设计上可以考虑多种元素的融合，将厨房的功能吸收到阳台。用长条木板搭建成一张小小的吧台，开辟出一块简单的快餐区，再点缀几盆绿植加强格调，从而形成集餐厅、厨房和阳台为一体的多功能区域。粉刷成淡蓝色的天花板使阳台看上去更为通透纯净，大大减少了炊具产生的油腻感。在现代快节奏的生活中，方便快捷而又不失美感的阳台，一定能减轻不少工作、生活中的烦恼。

在规划阳台的功能的时候，要充分利用阳台长条形的造型特点来摆放各类部件。靠墙放置的洗衣机和水台以及吊橱巧妙地开辟了一块具有丰富功能的家务区域。贴着栏杆摆放一排小型花卉为阳台点缀了缤纷的色彩，虽然布局简单却并不单调。在水台上也不要忘记摆放一盆精致的绿色植物，做家务时，它能够补充满满的正能量。

Tips 工作阳台布线防漏等注意事项

带有家务功能的阳台，免不了用水用电，而暴露在外的管道电线，容易对布局造成破坏，给人以简陋杂乱的感觉。所以装修前就要将这些因素考虑进去，管道电线能埋进墙体或者地面的全部埋进去。实在掩埋不了，也要将暴露在外的管道和电线尽量排布在阳台的边边角角，再用绿植花卉一一遮掩。若还是无法掩盖，则可以在管道电线的弯角挂上几盆盆栽，换个方式，也许能产生意想不到的装饰效果。

只要布局合理，阳台同样能够享受园艺的乐趣。立体花架靠墙放置，在腾出空间的同时又能摆下不少盆栽和其他杂物。长条椅和木桌既是小憩的区域，又是栽种绿色植物的“工作台”，旁边放置一只收纳泥土的铁盆，让人有 DIY 的冲动。在满桌的植物和绿色系的墙饰中，养花匠繁忙的一天又要开始了。

园艺三件套

精致小巧的工具特别适合阳台上的园艺工作，塑料的材质坚固耐用，小巧的体积可以塞进任意一个小角落里，绝对不占地方。

Tips 园艺小工具

园艺三件套：耙、铲、锹，用于铲除杂草、移植盆栽和松弛土壤。

园艺剪刀：专门修剪枯枝败叶的趁手工具。

园艺剪刀

起苗器和挖苗器

挖苗器

起苗器（左）：“拔苗助长”必备神器。

挖苗器（右）：专业打洞工具，为种子安置更舒适的“家”。

在窄长型的工作阳台上晾晒靠垫等体积比较大的物体，一直是件让人头疼的事情。而折叠桌椅和晾衣架的组合平日既不占地方，又能在需要时开辟一块能够伸展的区域，为长条物体的晾晒提供了一条“应急通道”。

合理利用阳台的布局，在立体花架、绿植和桌椅之间形成一个巧妙的高度落差，不仅能够给阳台带来多变的层次感，而且在不到阳台面积一半的空间里又产生了多种色彩变化，让阳台显得亲切又俏皮。同时，布质护栏和花盆的运用使阳台具有栽种绿植的乐趣，又形成了独特的现代风格，更是营造出洒脱随意的氛围。

Tips 布质护栏和花盆的面料选购

阳台上用于装点的布质护栏和花盆，因常常受到雨水的侵蚀，所以在选购时要注重面料的防水防晒性，如尼龙布、牛津布、帆布等，都是比较常见且价格实惠的布料。清洗时，也不用格外注意，放进洗衣机或者用刷子刷洗即可。

巧妙摆放的家具，能让阳台具备观赏性的同时也具有一定的储物功能。色彩艳丽的桌椅放置在花卉当中，丰富了阳台的色彩。堆叠起来既节省了不少空间，又为绿色植物提供了较为理想的生长环境。藤制沙发和亚麻地毯使阳台更贴近自然，而阳台整体则在绿植花卉的环绕下，给人纷繁馥郁的视觉感受。

Tips 藤制沙发和茅草地毯的保养清洗

藤制沙发：

1. 藤制沙发尽量放置在阴凉处，避免长期阳光照射而产生变软、变脆的现象。冬季切忌放在取暖机旁。

2. 藤制沙发千万不能用水清洗，藤材受潮会变形导致原有结构被破坏，所以一般先用干抹布或吸尘器去除灰尘，再用鸡毛掸做深度清洁。

亚麻地毯：

1. 吸尘是地毯重要的保养工作，一般一次保养吸两遍，第一遍逆着地毯的绒毛吸，去除污渍灰尘、第二遍顺着地毯的绒毛吸，恢复原样。

2. 地毯的清洗既是清洁工作又是保养工作，分为干洗和湿洗两种，但一般建议请专业从业人员操作。

TOP7 与众不同的创意阳台

如何体现阳台的设计风格？最直接的办法就是从家具的选择入手。镂空设计的沙发给人新颖独特的感觉，同时在功能上也具备沙发应有的舒适度。阳台内部没有摆放任何绿色植物，使沙发成为唯一突出的主题，从而为阳台营造出了极具创意的现代简约风格。

如果居住条件比较理想，完全可以打造出一明一暗两种效果相融合的阳台。一半讲究光影斑驳的幽静，在沙发上放置靠垫或坐垫等物品，或躺或卧怎么舒服怎么摆放。另一半则可以设计成光线较好的休闲区域，随意摆放几张座椅，就可以在蓝天白云下享受这边独好的风景。

Tips 如何打造明暗交错的效果

明暗交错的阳台塑造出如电影画面般的美感。在搭建时，可以在顶部的阳光板或玻璃板下铺设占据一半面积的木板，或者等距排列的木条，制造忽明忽暗或者明暗相间的光影效果。

但漂亮归漂亮，切忌不要选择具有金属质感的材质。阳光照射造成的反光不仅会破坏原有的层次感，而且还会造成头晕、刺眼的不良反应，所以一般选择以性情比较温良的木质材料为主。

Tips 如何将阳台装点得具有艺术气息

大胆运用冲击力强烈的绘画作品，吸引眼球，也能塑造别样的格调。利用阳台墙体的留白，配上一幅充满艺术张力的画，即使再普通不过的阳台也能呈现意想不到的艺术效果。

装饰画的运用要和阳台的整体风格一脉相承。一般来说，现代风格的阳台所选用的装饰画也应该以前卫现代的风格为主，如印象派、抽象派等想象力比较丰富的画。而装饰风格偏欧式的阳台，在装饰画的选择上则应注重浓墨重彩的油画、写实派的人物肖像等。如是古色古香的中式风格，则建议选择比较传统的水墨画、国画等符合中式委婉气质的画作。

阳台的设计风格与装饰物的气质是息息相关的。大大的落地窗作为阳台通道，从布局上给人以窗明几净的通透感。阳台内部摆放的座椅和矮桌，在材质上都是贴近自然的原木和藤条，从而赋予阳台淡雅别致的文艺格调。竹制护栏上靠一把梯子作为阳台的背景，提供了上下倒腾的工具，又为阳台营造了朴质的中式田园风格。

Tips 梯子也美丽

梯子作为日常生活中常见的工具，在花卉绿植的装饰下，也可以一甩“寒酸”的外表，化身美丽的花架。

1. 在梯子较低的部位，尽量放置一些比较“娇嫩”的花卉植物，方便日常打理和养护。

2. 梯子的中间，可以选择放置一些浇水频次不怎么高的绿植，在需要养护时，浇水修剪也只是“举手之劳”。

3. 梯子较高的部位，一般建议放置一些“懒人植物”或自理能力较强的绿植，即使不管不顾也能茁壮成长。

温馨浪漫的乡村风格阳台，一直很受欢迎。打造此类风格的阳台，需要合理地组合各类元素，比如瓷器、动物雕像、大枝大叶的绿植等，都是打造乡村风格最常见的元素。

TOP8 温馨浪漫的家庭阳台

阳台虽然是房屋延伸出来的一部分，但只要设计得当，布局合理，它就能成为维系情感的平台，承载更多来自家人和朋友间的温情和互动。几把椅子和一张木桌散发着亲昵稳熟的气息，绿色植物和花卉在烛光的渲染下又为阳台赋予了一份安然于心的归属感。

具有家庭气息的阳台，舒适度是最重要的体现。地面铺设草皮使阳台更像是一座小小的空中花园，绿色植物和花卉摆放得高低错落，丰满整体布局，营造清新贴近自然的氛围。整条设计的护栏简单大方，为阳台提供了充沛的日照条件。而躺椅和淡蓝色桌椅的摆放，巧妙地在面积有限的阳台里开辟出休息区域和茶点区域，让整个阳台都变得明亮又舒适。

Tips 护栏采购要点

1. 护栏作为阳台的防护工具，在选购时首先要考虑的当然是它的安全性。其中最主要的一项指标就是护栏的承重力，一般承重力越大的护栏，其材质越坚固。

2. 由于阳台容易受到雨水侵袭，所以阳台护栏的防腐性也尤为重要，一般防腐性较好的护栏都有内外两层结构，铁艺护栏会在表层采用镀层，而木质护栏则要在表面刷一层防腐涂料。

3. 对于护栏的高度，国家已有明确的规定：搭建在六层以下建筑的护栏高度不能低于 1.05 米，六层以上、十层以下建筑的护栏高度不能低于 1.1 米，而十层以上的高层建筑，护栏高度不能低于 1.2 米。

阳台的设计并不局限于装饰的多少，有时候极其简单的装点也可以撑起整个布局。有些破旧的沙发和木质地板的组合容易让人沉浸在时光的斑驳里，同一色系的坐垫和护栏可以调节阳台布局的层次感，营造出质朴与明快并存的氛围，使阳台看上去随意而亲切。

阳台上摆放的家具，也可以承担装饰品的作用。绿意盎然并不只局限于绿色植物，用绿色毛皮制作的沙发也可以营造出同样的效果，在兼顾实用性的同时，又为阳台增添了些许标新立异的个性。

想要体现阳台的温馨与惬意，立体花架和躺椅的搭配也是不错的选择。闲暇时光，半卧在躺椅上，看看书、读读报，眼睛累了就看一看花架上的花卉与吊兰，生活就该是如此悠哉和舒适。

如果家里没有阳台，却又想拥有阳台的那份恬静和温馨，那就好好利用窗台的区域，将它打造成一座“小阳台”。放一盆别致的花和几只靠垫、抱枕，虽然简单，也同样能够产生温馨舒适的感觉。

几何形状的彩色坐垫，给人以多变活泼的感觉，放置在湛蓝色的地毯之上，在大型观叶植物的衬托下，营造出梦幻海岸线的奇趣氛围。

大型的彩色圆形坐垫，单凭一环套一环的图案设计就能让布局显得立体而富有动感。所以在装点时，其他的部件就不太适宜有过于丰富的色彩和复杂的

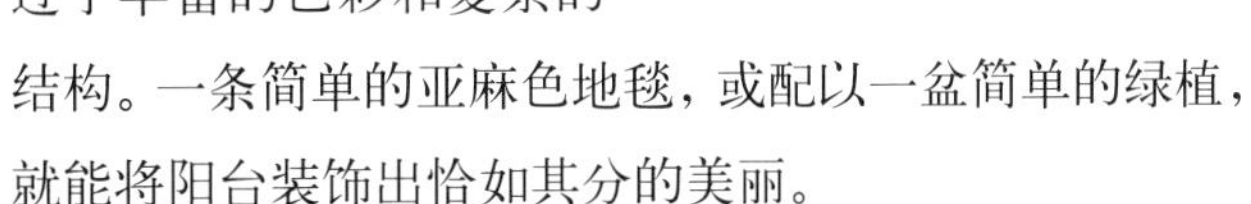

结构。一条简单的亚麻色地毯，或配以一盆简单的绿植，就能将阳台装饰出恰如其分的美丽。

灰色的地板虽然显得有些生硬和冷峻，但在几何图案坐垫的装点下，巧妙地掩盖了原有的棱角。整体布局

在现代简约风格的绿植的装饰下，显现出“刚刚好”的荒诞可爱和不拘一格的艺术气息。

阳台的装点要学会利用容易忽视的部件，或许能增添意想不到的惊喜。放在室内显得突兀而多余的铁皮箱既可收纳不少东西，又制造出了朴素严谨的效果。木质餐桌和黑色桌椅的组合在绿色植物与藤制装饰品的点缀下，使格局显得简约却又蕴含了丰富的层次感。置身阳台，总有一种忍不住想要做做手工活儿的冲动。

第三篇
植物搭配

大树浓荫下的地被植物，用于点缀多年生植物或突出蔷薇科植物的一年生植物，傍树而生的攀援植物，各种树皮的色彩游戏……只要将各种植物巧妙搭配，你就能获得迷人的景观，打造出一个魅力无穷的花园。

第一节
植物色彩与高低搭配法则

无论在阳台或是在小花园里栽种一些花卉或者绿色植物，都有益于提升空间的层次感和观赏性，营造出独具特色的风景线。置身于郁郁葱葱生机盎然的空间，即便是一片方寸之地，也一定能感受到大自然之美。而园艺讲究的是植物与周围环境恰到好处的协调与融合，是将“不毛之地”变成“美丽花园”的神奇魔法。充分发挥想象力，细细搭配每一片叶子、每一朵花，既陶冶情操，又能有手作之美的成就感。

植物的色彩搭配，主要是在花卉的颜色上做文章。迎合整体色彩元素的风格，在对比和反差中寻求和谐与统一。在整体空间的色调比较暗或略显沉闷的条件下，可以选择颜色比较亮丽的植物来“提亮”整体空间，形成比较强烈的对比来协调色调上的单调，让人眼前一亮。

如果花园或阳台所蕴含的色彩元素本身就比较丰富，在植物的选择上，“浓妆艳抹”反而会产生一种赘复感。最好以清新淡雅的风格为主，不用太出挑，点到为止，起到点缀空间和调和布局的作用。这种情况下，植物更像是一种“调味料”，不用太多复杂的色彩反而能使整体看上去更加协调，平添韵味。

绿色植物色彩的运用与空间整体的风格同样息息相关。中式风格的阳台或花园，在气质上大多注重的是一种道家学说上的“化境”，追求的是一种古朴秀丽、寓意深刻的韵味。所以在植物的色彩搭配上简洁明了，一般运用三种左右的花色，形成对比，配以容器和枝叶来稳住色调，起到“画龙点睛”的作用即可。

西式的阳台或花园，受西方文化的影响，风格都比较热情奔放。在植物色彩的选择上不妨浓郁瑰丽一些，营造出纷繁馥郁的热烈气氛。一盆植物可以拥有多种色彩，或者选择不同的花卉进行栽种，给人以色彩斑斓的视觉感受。

植物的色彩还需根据环境的光线进行搭配，光线比较暗的环境中，适合颜色比较淡雅的植物，在厚重的氛围中给人以灵动活泼的轻快。而在光线条件比较理想的环境中，五彩

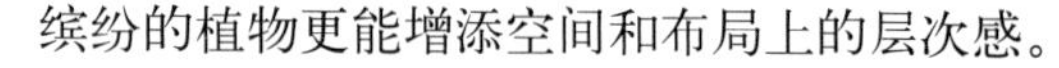

缤纷的植物更能增添空间和布局上的层次感。

花园或阳台里的植物如果不注意合理地“排兵布阵”，则会显得杂乱而无序，从而使整体景观黯然失色。而如何使植物在形态上显得美观而不落窠臼，也是一门值得细细研究的学问。

在配置植物的造型时，上轻下重是一项很重要的原则。在颜色上要注意上浅下深，花朵的形态则要遵循上小下大，布局结构上则以上疏下密最为自然。这样布置出来的景观虽然姿态万千，却又一脉相承，看上去更像符合自然生长规律。

如何将植物装点得有层次感？各式各样的绿植，高低错落的布局是关键，植物之间摆放的位置，利用地形的特点或者其他工具体现出一定的高度差，可以巧妙地避免视觉空隙的产生。而植物之间的距离不用刻意放置得很规整，不妨随性一点，摆放得疏密有致，反而能够形成特有的节奏感。

Tips 如何营造阳台层次感

阳台的层次感很大一部分体现在植物的装饰上，在装点阳台的绿植花卉时，可以将需要绿化的区域看作一个大花架，在符合栽种条件的情况下，基本遵循上轻下重、上疏下密的原则。

1. 直接放置在地面的植物，可以选择花瓣颜色鲜艳且枝叶茂盛的植物，如百日草、绿萝、月季、玫瑰、茶花、大丽花等。用绚烂稠密的布局，衬托出浓厚的“底蕴”。

2. 放置在桌椅上的植物，在装点的过程中起一定的过渡作用，一般选择以绿色为主的植物，同时也可以点缀一些色调比较清淡的花卉来丰富格局，如扶桑、吊兰、文竹等。

3. 而贯穿整体布局、位于绿化区域顶端的植物，应当稀疏一些，如可利用墙体单独栽种一两株常春藤、绿萝、爬山虎等藤蔓植物或者如木槿、迎春花、木芙蓉等清新淡雅的灌木植物。

第二节 五种常见植物的栽培要求

植物是组成景观不可或缺的元素，它们不但能够体现出独特的风格，而且还能创造出身心放松的环境。让阳台或花园多一点健康和自然，那么在栽种和养护的工作上，就要多一点细心的呵护。掌握一些对于不同植物土壤栽培的小技巧，就能使整体空间多一份美观。

多肉植物

多肉植物作为常见的观赏植物，最大的好处就是“自理”能力比较强，只要有阳光，不用怎么打理照样能茁壮成长，是典型的“懒人植物”。但这并不意味着多肉植物完全不需要养护，在选择土壤时，要注重透气性和排水性，一般配置沙质土壤。待表面土壤干燥时，才需要浇一次水，并注意保持排水通畅。

Tips
如何挑选多肉植物

在挑选多肉植物时，观察茎叶是否健康饱满，同时着重观察茎叶是否具有特有的色泽。

多肉植物如何换盆

多肉植物长得较为粗壮时，换盆除了选用排水性好的盆器外，最好选用排水、透气性好的土壤，让植物能较快地适应“新家”。

观叶植物

观叶植物拥有极具观赏性的叶子，能创造出姿态万千的美感。因其耐阴的特性，所以比较适合在室内种植。在栽种时，注意选择透气又保水的土壤，利于植物生长的同时又能提供充足的水分，最常见的有腐叶土、泥灰土等。

Tips
观叶植物什么时候晒太阳和浇水比较好

观叶植物应避免阳光的直射，所以一般在早晨或傍晚晒晒太阳即可。浇水也基本遵循土壤不干不浇水的原则，除在夏季适当增加浇水频次外，还须在叶子和盆器周围浇水，以保持空气湿润。

如何判断观叶植物是否“生病”

如果叶子出现褐色边缘、叶片质地较软弱等现象，就说明观叶植物不怎么健康了，要注意调整日照位置和补给土壤养分。

水生植物

水生植物因其优美的形态和绚丽的色彩，能给人带来灵动委婉的感觉。在栽种时，水生植物根系的结构比较善于吸水，水分基本代替了土壤，一般在盆器底部放置适量的泥土即可。但要注意水中所蕴含的成分是否适合植物生长，定时注入新水保持氧分。

Tips

不同类型的水生植物如何栽种

水生植物大致可分为沉水型、浮水型、挺水型和浮叶型，在栽种时，除浮水型植物可直接吸收水中的养分外，其他类型的植物都需要将根系植入水里的土壤，并和水面保持一定高度。

水生植物在什么情况下需要换水

为了保持水质清澈，避免影响植物健康生长，水生植物最好能够定期换水，特别是出现浑浊现象时，就需要立刻换水。换水时，也要遵循大盆换一半、小盆全部换的原则。

水生植物可以直接加自来水吗

对于都市人来说，要为水生植物添加天然水的确有点强人所难，在这种情况下，若用自来水代替，需要先放置三四个小时，待水中的氯自然挥发掉之后才能加入盆器。

兰花

中国人常用“君子”来形容兰花，也常常喜爱种植兰花。“君子如兰”代表一种高尚的气节，更能为花园或阳台增添一份洒脱而飘逸的气质。而栽种兰花的土壤同样需要注重通气性和排水性。一般来说，取自笔筒树气根的蛇木屑，是栽种兰花最为理想的土壤之一。

Tips

如何挑选品相好的兰花

在挑选时要注意选择发育旺盛，有光泽，叶片较多，叶色鲜绿的兰花，最好是花序排列整齐，花苞开放一半以上的兰花，买回家既有栽种的乐趣，又能打造现成的景观。

如何让兰花开花

家庭栽种兰花品种的选择很重要，多以“好养活”的品种为主。一般只要保证充沛的日照和良好的通风环境，避开强烈的阳光，就一定能绽放出娇艳的花朵。

藤蔓植物

洋洋洒洒爬满墙体的藤蔓植物，能创造出别具一格的绿意盎然氛围，在花园或阳台栽种既大胆又有新意，能让整体空间多一分写意和私密。在栽种时要特别注意，大多数藤蔓植物对土壤的要求比较苛刻，最好选用排水性比较好的土壤，如黏土、陶土等。在条件允许的情况下，尽量保持土壤内的水分分布均匀，有利于根系更有效地吸收营养。

Tips

阳台栽种藤蔓，可以不搭花架吗

其实阳台的光线比较充足，更适合藤蔓植物的生长，而藤蔓本身也适合在盆器中栽种。如果不搭花架，也可以简单也种植在吊盆里，既能让藤蔓健康生长，又为阳台增添观赏性。

平时如何做好藤蔓的养护工作

为更好地使藤蔓植物生长，最好根据不同种类的习性进行一两次的修剪。平时则可以定期去除植株上已经显露出枯黄的部分，避免破败部分浪费过多的营养，使其良好生长。

藤蔓植物的特殊习性

藤蔓植物的种类比较繁多，常被用来装饰花园或阳台的有常春藤、紫藤、爬山虎、金银花、藤本月季、吊兰、蔷薇、牵牛花等。但并不是所有的藤蔓植物都适合用来装饰墙面或花架，如野地瓜、满地青、地板藤等植物，因其茎蔓特别坚韧茂盛，比较适宜在地面攀爬，充当供人踩踏的角色。

第三节 如何打造四季花园植物景观

一年有四季，每个季节都有属于自己的色彩。花园和阳台除了栽种一些常绿的植物外，顺应季节的变幻，栽种一些具有鲜明季节特色的植物，不仅能赋予空间十足的想象力和节奏感，避免一成不变所造成的单调乏味，而且还能从中汲取来自不同季节的“好心情”。

季节	适宜颜色	常见花卉
春	白、黄、粉、红	栀子花、樱花、白玉兰、迎春花、桃花、木棉
夏	红、粉、绿、蓝	太阳花、美人蕉、荷花、木槿、石榴、睡莲
秋	紫、黄、红、白	菊花、月季、一串红、秋葵、百日草
冬	粉、黄、白	梅花、水仙、四季海棠、万寿菊、君于兰、春兰

TOP1 春花烂漫

春季万物复苏，又是花开的季节，五彩斑斓便是春天的颜色，所以在春天栽种美丽娇艳的花朵一定没错。色彩多变的植物群不仅能给花园带来丰富的层次感和畅快的视觉享受，同时又赋予了空间浓郁的春季特色，让人徜徉在花的海洋中，营造出芬芳满园的氛围。

春天的颜色，一定是明亮而又轻柔的。在桌上放置一瓶色彩靓丽而又明快的水培植物，不仅打造出一处小小的水景，同时又带来一股来自春天的温暖与和煦。

如果有条件栽种一片郁郁葱葱的花海，将春天的景观由户外引入室内，不仅创造出嫣然的春意，同时也与自然景观水乳交融，凸显清新明快的和谐之美。

如果阳台的结构较为封闭，或者没有足够的地方来大开大合地栽种植物，不妨在靠窗的区域开辟出一小块种植区，放上几盆绿意盎然的小花卉。在光合作用下，能使整个空间时刻都弥漫着春季的明媚与温暖。

LHW
THE LEADING HOTELS
OF THE WORLD

Tips 小阳台如何造景

面积比较小的阳台，受空间约束，植物花卉一般以单排或者单列的手法，以盆栽的方式，在阳台边缘栽种，既可营造绿意盎然的氛围，还可以随时取出不占地方，同时能充分利用空间的纵深，在阳台两端摆放立体花架进行装饰。此外，在阳台外围搭建一排花架，让阳台的景致延伸到户外，也不失为一个不错的选择。

TOP2 夏日浓荫下

夏季最大的问题当然是如何应对炎热的天气，在室内可以用空调等手段驱走炎热，但在环

境较开放的花园或者阳台怎样遮挡烈日呢？不妨利用空间的布局和结构特点，支起一把遮阳伞，自己动手开辟出一块小小的避暑地，让布局更具热带风情，又让这片浓荫为自己带来难得的“清凉一夏”。

阳台的面积一般不会很大，不妨利用护栏上方的区域，支起

一把比较小的遮阳伞，同样能够有效遮蔽阳光直射，又能避免绿植过早枯黄，还创造出了清新俏皮的可爱风格，为焦躁的夏日带来了清新怡人的畅快氛围。

在炎炎夏日营造出清凉畅快的氛围，栽种绿意盎然却具有热带风情的植物是一个不错的选择。在合理利用空间布局的基础上，开辟出一小块地方栽种两三棵小橡树，不用占据太大的面积就能营造出夏季里绿荫森森的氛围，为身心带来一片清凉。

Tips 常见的热带植物

1. 木棉：分布于我国海南各地，适宜在热带气候生长且较为耐旱，养护时切忌截干处理，否则断枝难以自行恢复。木棉是花园阳台中常见的景观树，同时也可作行道树栽种。

2. 扶桑：强阳性植物，适宜温暖湿润的气候。每年开春即可对枝叶进行修剪，否则会影响花期。扶桑在造型上较为多面，既可做花园阳台的景观植物，也可做成花篱，同时还能够当作盆栽点缀。

3. 美人蕉：适宜于潮湿温暖的环境，同时也适宜在水塘、浅滩栽种。在大风天气时，要将其移至室内，同时在夏季切忌用凉水浇灌。美人蕉和荷花有些类似，是夏季池塘或

浅滩中最耀眼的点缀。

4. 龟背竹：适宜温暖湿润的环境，但比较忌讳阳光曝晒，所以在夏季养护时要勤浇水，保持一定的空气湿度。而龟背竹同时作为一种常见的藤蔓类植物，是装饰墙面或屋顶不错的选择。

5. 粉萼花：适宜高温环境，同时也比较耐旱，一般选择排水性比较好的土壤或沙质土壤栽种。粉萼花作为夏季常见的花卉，是花园或阳台造景中比较理想的景观植物，可成群栽种，同时也可作为盆栽点缀。

空间实在有限时，可以利用富有季节特色的微景观来营造夏季的清凉。绿意盎然的小型盆栽为空间平添一份自然与清新，与动物玩偶的组合富有趣味的同时，又塑造了田园风格的悠然与写意。

TOP3 秋草闲花

进入秋季，天气开始转凉，瑟瑟的秋风吹黄了树叶，赋予了这个季节金灿灿的色调。所以栽种秋季植物，应注重色彩上的搭配，尽量选择暖色调的植物，以迎合秋季厚重而丰满的格调。

橘红色的花丛配合颜色稍浅的小黄花，增加层次感的同时又营造出丰富而稳重的格调。主题明媚而不艳丽的色调，为秋季这个微凉的季节送来恰到

好处的暖意，也迎合了当季暖色系的主色调。

秋季的窗台无须太艳丽，栽种一些颜色比较深的花卉，能营造出适合这一季的厚重和丰满的格调。

秋天的空气中似乎总带有宁静与淡然的气质。花园或阳台的桌子上，静静放置一束怡然的白玫瑰，使整个空间显得简单却又极具浪漫气息，让淡淡的回忆可以悄然蔓延一季。

TOP4 冬季小品

冬季虽然是一个看上去有些萧条的季节，凛冽的寒风也会使人懒得去户外走动，但只要会搭配，善于利用空间布局，即便是密闭的环境也同样可以让花园和阳台在苍白的季节里迸发出绚烂而美丽的色彩。开动脑筋，勤于动手，让寒冷的冬季变得温暖起来。

图为北京有山家园农家院

如果阳台只有一扇小小的窗户，其实在冬季也能散发出别样的美丽。以窗户为整体布局的中心，搭配画案沙发，放置各式各样的绿色植物的花园，让小小的阳台在冬季也依旧能够清新自然，在窗里窗外缔造出两个截然不同的季节，在此小憩、休闲更是怡然自得。

冬季紧闭的窗户也可以拿来做文章。在窗台边种植一些绿植花卉，巧妙地打破了密闭空间的闭塞感，又将窗外的景观和窗里的布置融合起来，为阳台在无形中打开了一扇“看不见的窗户”，既别致又温馨，体现出饱满的生活情趣。

冬季也可以别出心裁地在靠近阳台或花园墙体外侧的窗台上放置几盆鲜艳的花卉，在这个略显苍凉的季节里点缀出几许妖娆，同时又高明地借用了户外的空间来打造景观，既节省了空间，又陶冶了情操。但在花卉的选择上，一定要注意选用菊花、梅花等耐寒高的植物，不然很可能会起到相反的效果。除了传统的岁寒三友之外，还有龙柏、玉兰、丁香、连翘、紫叶李、紫薇、贴梗海棠、梅叶梅、珍珠梅、蔷薇、迎春、木懂、桃花、樱花、海棠花、紫荆等室外花卉在北方较为常见。

即使冬季来了也要拒绝空花盆，有一些勇敢的花朵，它们正在冬季悄然开放。栽种一些生命力顽强且特别适合在冬季养护的花卉，依旧能够让花园和阳台留住春天的景色。如果有条件，将这些植物大片栽种，在寒冷的季节闻到花香也不是奢侈。置身于这样的芬芳馥郁之中，特别容易感受到一种被时光遗忘的错觉。

第四节 攀爬墙的搭建与设计

藤蔓植物因其特有的攀爬特性，是美化花园和阳台的常客，可用来绿化墙面、阳台、屋顶，或打造花架、装饰门廊走道等。藤蔓植物能够较快速地增加绿化面积，营造出铺天盖地的绿阴氛围。除了给人带来清新而大胆的视觉体验外，还具有一定的生态功能，同时又是一种独具特色的建筑艺术。

在空间有限的阳台，藤蔓植物可以充分发挥“能屈能伸”的特性，见缝插针地装点阳台，最大限度地让阳台绿意盎然起来，起到防暑降温、净化空气的作用，也突显崇尚自然的生活品位。

封闭型的花园或阳台，用几株藤蔓植物直接吸附在墙体上是简便又美观的装点方式。不用太密集，在四面墙角各栽种几株藤蔓，搭配其他绿色植物，如吊兰，便能点缀出清新又宜居的环境。适合在较为封闭的环境中生长的植物有桔梗、虎刺梅、海棠、绿萝、常春藤等耐阴或喜阴植物。

在条件允许的情况下，不妨将藤蔓植物栽种在门廊两侧，并设置攀附物供植物生长攀爬，形成绿阴环绕的美感。不仅可以增加绿化面积，使生态环境更为清新，同时又别具匠心地营造出“山门洞府”的原始风貌。

1. 门窗框架、墙壁、屋檐等现成构件都是吸附类藤蔓植物“大展拳脚”的地方，如爬山虎、龟背竹、绿萝等，只要触碰到墙就能向上攀沿。

2. 缠绕类和卷须类藤蔓，如紫藤、牵牛、铁线莲、葡萄、葫芦等攀附能力较强的藤蔓，只需要搭建几根木条，它们就能沿着条状物体进行攀爬。

3. 蔓生类藤蔓的攀爬能力较弱，如蔷薇、叶子花等植物，这时就要自己动手搭建如拱门形状的攀附物或者搭建排列较密集的格子木架。

搭建棚架以供藤蔓植物攀爬是花园或阳台造型最丰富的装点之一。夏日躲避于成荫的绿植之下，既远离了“空调病”，满足了防暑降温的需求，又极大地丰富了布局，营造了极为自然恬静的氛围。

沿着墙壁蔓延开来的藤蔓植物，作为墙面绿化，虽然在造型上显得有些凌乱，但正是这恰到好处的凌乱，营造出整体随性洒脱的生活态度。同时也避免了墙面绿化过于单调的格局，有效提升了布局的层

次感和美观度。

藤蔓植物其实也可以是一种精致的装饰物。单根细枝的藤蔓缠绕在花架或楼梯一侧，能为原本就极具美观性的装饰物起到锦上添花的作用。而就是那么一点点的绿色，却能让整个布局显得俏皮和可爱起来。

Tips

藤蔓植物的运用原则

1. 藤蔓植物的种类有很多，在栽种藤蔓植物时要选择适合当地环境条件的种类，避免植物“水土不服”，提高栽种的存活率。藤蔓植物在习性上一般分为常绿和落叶两大类，如常春藤、叶子花、金银花等常绿藤蔓，比较适宜种植在南方地区，而如紫藤、爬山虎、葡萄等落叶藤蔓则适应力比较强，在我国大部分地区都能种植。

2. 从其他地方引种，在不了解植物对环境的要求时，可根据原产地的环境条件进行判断是否适宜本地栽种。

3. 在种植藤蔓植物时，要注意生态与美观的平衡。发挥植物的生态功能的同时，通过植物的自然美和含蓄美要素来体现植物对环境的美化、装饰作用。

4. 种植藤蔓植物要考虑其对生态环境的改善。在购买时对比较适宜栽种的品种的功能性做好功课，了解其能够达到的功效是否符合自身需求，再权衡是否需要购买。

第五节

不同朝向的阳台如何选择植物

植物的生长是否健康，阳光的吸收程度是重要元素之一。由于不同种类的植物对于日照的需求各不相同，在阳台上栽种植物，除了合理的布局规划外，根据阳台的朝向选择适合的植物，是阳台花草“开枝散叶”的重要法则。所以首先辨别好阳台的朝向和方位，再开始动手栽种植物，一定能为阳台带来别样的风景。

东向阳台

朝东的阳台，能够看见升起的太阳，拥有美丽的早晨和最温暖的阳光。但随着太阳位置的变化，日照条件会逐渐减弱，一般中午过后只有非直射的日照光线。同时受地理位置影响，通风情况较为理想，所以对于半日照的东向阳台，特别适合栽种稍耐阴和短日照的植物。

月季

月季属于蔷薇科，具有一定的耐阴能力，对日照时间的长短并没有特别严格的要求，因此每年 4 到 11 月均可以不断开花，但盛夏季节花会开得比较少。

大丽花

大丽花又名大理花、东洋菊，比较喜欢在半阴的环境下生长，所以特别适合在东向阳台栽种。同时应注意避免日照过于强烈，否则会影响开花。幼苗期最好防止阳光直接照射。

月季

大丽花

杜鹃花

杜鹃花

杜鹃花又叫山石榴、映山红。花叶皆美的杜鹃花不适宜曝晒，同样是比较耐阴的植物。

铁线蕨

铁线蕨，又名猪鬃草，比较适宜明亮的散射日照，喜温又耐阴，比较忌讳阳光直射。所以在朝东的阳台栽种最适宜不过。

铁线蕨

万年青

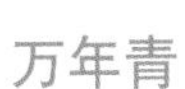

万年青

万年青又叫白河车，是一种喜欢温暖阳光的草本植物，放置在东向阳台，既适宜生长又具有较好的观赏性。

蟹爪兰

蟹爪兰

蟹爪兰，别名圣诞仙人掌。属于仙人掌科的它，当然比较耐阴，是典型的短日照植物。夏季应多多注意避免曝晒和雨淋。

长寿花

长寿花

长寿花又叫寿星花，是喜好温和阳光和湿润环境的短日照植物。但要注意，它对水分的需求较低，夜前最好保持枝叶干燥。

紫藤

紫藤即藤萝、朱藤，是暖带及温带的植物，其耐阴又耐寒的习性，特别适合用来装点东向阳台。

Tips

1. 东向阳台，夏季的日照要比冬季强烈一些，为了让植物更有效地吸收阳光，注意适当调整植物的位置。

2. 东向阳台的水分流失较小，对水分要求较高的细叶植物，也特别适合栽种在朝东的阳台，如龙血树、文竹、茑萝、细叶芒、春兰等。

南向阳台

朝南的阳台拥有令人羡慕的全日照光线，一年四季全天候都是满满的阳光，是四个朝向的阳台中光线条件最为理想的阳台。而全日照的条件比较适宜晾晒衣物，却在植物栽种上受到限制。一般情况下，南向阳台因日照充足的原因，栽种需光性强的植物最为适宜。

夜来香

夜来香

夜来香又被叫作“夜香花”。夜来香并不娇柔，耐旱且喜爱全天阳光，清淡的特色香气，能让阳台拥有全天候的幽香。

虞美人

虞美人

漂亮的虞美人具有傲娇的习性，喜爱全天候日照的同时，不怕冷却怕热。所以在南向阳台栽种时，要避免夏季阳光的直射。

含羞草

含羞草是属于夏季的植物，所以耐旱且喜爱阳光。栽种在阳台，不经意间就能营造出可爱而又恬静的氛围。

含羞草

太阳花

太阳花

太阳花又叫大花马齿苋，松叶牡丹，特别喜欢阳光充足且干燥的环境。一有太阳就开花，故得名太阳花，所以栽种在日照最充足的南向阳台最为理想。

一串红

一串红

一串红比较适宜全天候的日照，同时气温在 15 ℃以下就会慢慢停止生长，所以将它栽种在较为温暖的南向阳台最为适合。

石榴

石榴

石榴耐旱耐晒，特别喜欢阳光直射的习性，简直就是为南向阳台量身打造的植物。

三色堇

三色堇，又叫蝴蝶花，适宜露天的栽种方式，证明了它“坚强”的性情，好看又好养。

Tips

1. 充足的阳光会令植物的水分蒸发更快，所以南向阳台的植物要注意随着气候变化调整浇水频次。

2. 需要在强风天气时，为植物做好遮蔽工作，避免强风影响植物生长。

西向阳台

西向阳台日照主要集中在下午，盛夏时节会格外炎热，而冬季还会受到西北冷风的侵袭，变得特别阴冷。所以在朝西的阳台上栽种植物，除了给予合适的日照外，还要注意挑选耐热性和耐寒性都比较高的植物，才能装饰出美丽的阳台。

仙人掌

仙人掌是出了名的好养活，所以在气候变化比较大的西向阳台，养几盆仙人掌是提高阳台绿化率最有效的方法。

仙人掌

栀子花

栀子花

栀子花的习性与它娇弱的外表截然相反，喜爱阳光又耐寒。只要注意遮蔽好直射的阳光，它一定能绽放得可爱又美丽。

矮牵牛

矮牵牛

矮牵牛，又称碧冬茄，最大的特点就是夏季能忍受 35 ℃以上的超高温。所以在夏季用来选择装饰西向的阳台，一定能为酷热的环境带来些许清凉。

菊花

菊花

菊花能够忍受较大的温差，且喜阳光又耐旱、耐寒，对于气候的适应性比较强，所以在西向阳台多种些菊花，既好看又容易养护。

龙舌兰

龙舌兰

龙舌兰，具有较强的耐热性，也有一定的耐寒性，冬天注意养护也能在西向的阳台健康生长。

天门冬

天门冬

天门冬又叫武竹，霸气的名字反映了它超强的适应性，具有能够生长在荒地间的坚韧习性，用来栽培在西向阳台格外适合。

扶桑

扶桑

扶桑的花期几乎终年不绝，充分反映了其对气候较强的适应性，只要不是在极端低温的条件下，一般都能健康生长。

百日草

百日草又叫百日菊，拥有菊花科植物的特性，耐干旱又喜阳光，但耐寒性欠佳，所以适合西向阳台在夏季栽种。

Tips

1. 西向阳台日照强烈，因此水分蒸发得比较快，所以建议用蓄水性比较好的盆器来栽种植物。

2. 植物选择上，多以喜爱阳光且适应性比较强的植物为主。

北向阳台

北向的阳台，虽然全天都没有直射光，且在冬季还会有强烈的寒风，可以说是四个朝向的阳台中，栽种条件最为不理想的阳台。但只要了解植物的习性，学会选择适合的植物，即使在最为恶劣的条件下，也一定能让阳台吐露芬芳。

紫罗兰

紫罗兰又叫富贵花，枝叶美丽大方。习性耐寒却不耐热，适宜通风好的环境，所以栽种在北向阳台是一个不错的选择。

紫罗兰

吊兰

吊兰

吊兰的造型飘逸潇洒，具有一定的观赏性，喜爱半阴的环境且适宜温度较低，是装饰北向阳台的必备佳品。

绿萝

肾蕨

绿萝

绿萝属于阴性植物，特别忌讳阳光直射，所以日照条件特别适合北向阳台，但要为植物做好保水、保温工作。

肾蕨

肾蕨造型茂密且具有忌阳光直射和耐阴的特点，用它来塑造北向阳台丰满的格局最适合不过了。

文竹

文竹是有名的观赏性植物，适宜通风的环境且具有一定的耐阴性和耐寒性。其独有的书卷气息和保健功能，一定能打造出一座健康又时尚的阳台。

文竹

玉簪

玉簪又叫白鹤仙，如此“仙风道骨”的别名，当然具有超强的耐寒性，用来装饰北向阳台，那就最适宜不过了。

黄金葛

黄金葛不喜阳光，具有一定的耐阴性，如果将其栽种在北向阳台，寒冷的冬季最好将其移至室内养护，同时做好保湿、保水措施。

黄金葛

玉簪

雏菊

雏菊外形俏皮又可爱，而喜冷不喜热的性情，让它具有较强的耐寒性，所以特别适宜放置于北向阳台观赏。

雏菊

梅花

梅花是属于冬季的植物，愈寒愈烈、愈冷愈艳的特性，特别适合栽种在冬季的北向阳台，在装点阳台景色的同时，又平添了一份傲气凛然的不羁与洒脱。

Tips

1. 在极端低温的条件下，最好将绿植移入室内，或者做好保温措施。

2. 冬季，北面的风力较大，注意植物的蓄水情况，调整浇水的频率。

梅花

第六节 多肉植物的设计语言

俏皮可爱的多肉植物，因其多变的造型和百搭的风格，是很多人用来装饰阳台或花园的首选。巧妙地运用多肉植物点缀空间是一种神奇的魔法，即便是原本最不起眼的地方，同样能够散发出芬芳迷人的气息。

多肉的身材一般都比较娇小，可以放置在任何一个迷你的空间里，既不占地方又能自成一派，特别适合用来装点空间比较小的阳台和花园，打造一座清新又可爱的“掌上花园”。

空间上的留白会造成布局的单调和乏味，这时就需要多肉植物来帮忙。娇小的身材使多肉拥有其他植物所不具备的空间优势，用它们来装点角角落落的留白，一定会使空间布局显得格外丰富，富有浓厚的童话气息。

多肉属于典型的“懒人植物”，随遇而安的程度令人“瞠目结舌”。它们可以生长

在任何的地方，只要想得到，多肉植物一定会带来“风马牛不相及”的创意，使花园或者阳台处处都充满让人眼前一亮的元素。

一个花盆如何拥有绚烂的色彩？多肉植物的种类繁多，完全可以将造型各异的多肉收纳在同一个容器里，形成丰满而又别致的迷你盆景。

多肉植物很适合在光线充沛的阳台上种植，其耐旱的习性即使忘记给它浇水，它也能够健康生长。而多肉植物繁多的种类和不挑容器的特性，又为在阳台上打造丰富的层次感和富于变化的色彩，提供了无限的可能和创意。

如果整座花园都以多肉植物为主，那绚烂无比的色彩一定能够打造出一座充满童话色彩的别样花园。但要注意气候的变化和当地的地理环境，在雨水较多的时候需要做好排水工作，多肉植物很可爱，但它们并不怎么喜欢“洗澡”哟。

Tips

多肉植物的拼盘法则

1．多肉植物一般分为大两类：“冬型种”与“夏型种”。在制作拼盘时，充分考虑这两大类型所适合的种植环境尤为重要。

2．在搭配时要注意错落有致，尽量不要将多肉种植在同一水平线上。尽量将植物种得紧凑一点，植物与植物之间的缝隙尽量小，最理想的是做到疏密有致，营造出丰富的层次感。

3．色彩上的搭配要尽量保持协调，先确定喜爱的色系，然后尽量挑选比较相近或者搭配起来比较养眼的其它颜色。

4．在栽种时，要注意一棵一棵地种植。为保证拼盘的美观，种植规律为一般先种同一直径，再在容器两侧种植其它的。

5. 容器的选择虽然多变，但也要注意挑选比较适合的容器进行栽种。

栽种多肉植物的注意事项

1. 多肉植物最喜爱阳光，所以干燥爽朗的气候和充沛的阳光是多肉健康生长的保证。

2. 多肉植物的叶片具有积蓄水分的本能。在潮湿的环境下容易产生烂根的现象，所以种植的土壤要尽可能排水性良好，以免发生“溺水”。

3. 多肉植物有自己喜欢的土壤配比，尤其对于盆栽多肉来说，选择合适的土壤有利于茎叶的生长。而多肉的土壤配比也不复杂，一般情况下，选择两三种土壤等比例配比即可。

第七节 好吃又好玩的养生花园

有没有想过，花园里种植的植物除了营造清新怡人的氛围之外，只要在设计和规划时多留一个心眼，栽种一些好吃又好看的绿植花卉，就能让花园在原有的基础上多了一种美味又养生的功效。不仅在美感上不失一点分数，而且更为花园注入了一股健康向上的活力。

TOP1 舌尖上的花朵

娇嫩美丽的鲜花除了能为花园阳台带来丰富多变及富有节奏感和想象力的视觉享受外，其实还有不少花草在美丽外衣的包裹下，蕴含了丰富的营养，具有养身保健的功效，而且用来当食材也是相当美味的。

金银花

金银花

金银花除了具有清热解毒的功效外，还能预

防感冒。在金银花含苞待放时采摘，风干后泡茶来喝，更是提神爽口，适合闷热的夏季饮用。

玫瑰

玫瑰

浪漫的玫瑰花除了是情人间传递爱意的信物外，其实也是一种美味的食物和饮品。如玫瑰饼、玫瑰茶、玫瑰花露等，同时作为其他食物的辅料，冷盘热炒可谓无所不能。而且以玫瑰为食材的菜肴，不但口感清香，还具有健脾养胃的功效。

桂花

桂花

中秋节除了吃月饼外，还有吃桂花糕、饮桂花酒的习俗。而桂花糕和桂花酒就是以桂花为原材料秘制而成的美味。桂花做成食物或饮品，不仅满口芬芳馥郁，而且还具有化痰止咳、排解毒素、清肺养肺的功效。

康乃馨

康乃馨

康乃馨的用法和金银花一样，主要用其花瓣泡茶。康乃馨花茶的口感微苦，具有清心明目、润肺养颜的功效。

菊花茶

石斛

石斛

石斛不但是观赏性极强的花卉，同时还是一种较为名贵的中药材。食用方法除了泡茶、炖汤饮用外，还可直接口嚼。除了清新爽口的口感外，还具有清热养胃的功效。

菊花

菊花泡茶具有清热败火的功效人尽皆知，采摘后风干贮藏，一年四季皆可饮用，已是日常生活必备的茶种之一。

TOP2 香草的养生功效

香草类植物不挑剔土壤，生长速度快，本身具有抗害虫的天性，非常易于种植，用来泡茶、清炒不仅清香四溢，而且口感极佳。香草通常也被称为药草，具有良好的养生与保健功能。

迷迭香

迷迭香

迷迭香带有一定的茶香，经常用来泡茶，其香味不仅能够提神醒脑，减缓头痛，而且还具有增强大脑功能的作用，对提高记忆力有一定的帮助。除此之外，还具有清洁皮肤、减缓脱发、减肥的美容功效。

薄荷

薄荷是西餐里常见的调味原材料，搭配甜食能有效缓和过于甜腻的不适口感。而且薄荷作为蔬菜还具有清热解毒、疏肝解郁、止咳化痰、治疗热感冒、缓解风疹及麻疹的功效。

薄荷

薰衣草

薰衣草用来泡茶对缓解压力、放松身心有很大的帮助，特别适合生活节奏快，工作压力大的都市白领。除此之外，还有改善睡眠、降低压脂、定心安神、美容养颜等功效。

薰衣草

香葱

香葱

香葱可以说是香草类植物当中比较接地气的一个类型。但它的养生功效不容小觑。除了杀菌消毒之外，将其捣成汁水外敷还具有散瘀血、止痛的作用。

麝香草

麝香草

麝香草是一种具有悠长香味的植物，用来煲汤绝对锦上添花。而麝香草对于治疗腹泻、咳嗽、牙疼、皮肤瘙痒等有一定的功效。

TOP3 阳台变身清新小菜园

不要以为阳台只适合种植一些以观赏性为主的绿植花卉，种植一些蔬菜用来自家食用或招待宾客，既新鲜又实惠，而且又能营造田园风格的朴实与热情。花有花的美丽，菜也有菜的韵味，谁说”鱼与熊掌不可兼得”？

面积娇小的阳台，只要对于空间有足够的把控，朝阳面可以载种一些新鲜蔬菜。利用护栏内外的留白空间，将盆器放置在焊接好的铁架之内，既能让蔬菜吸收到充足的阳光，又保证了阳台的安全性，而且装饰所需要体现的绿化与美观一样都不少。

如果阳台面积较大，不妨做一个类似抽屉的大型木框以

铺陈的方式来种植蔬菜，香葱、青菜样样都能种。虽然在造型上看上去有些简陋，但在绿植花卉的环绕下，却显得简单大方又不失美感。

立体花架其实也是种植蔬菜的好工具。放置在阳台两端既不占地方，又不会遮挡视线，而且种出来的蔬菜具有一定的层次感和小巧精致的美感。

只要选择合适的装饰物，阳台菜园也可以很美丽。用木质围栏在阳台划分出一块耕种区域，配合小型水车的装饰，使阳台立刻营造出田园质朴和恬静的氛围。

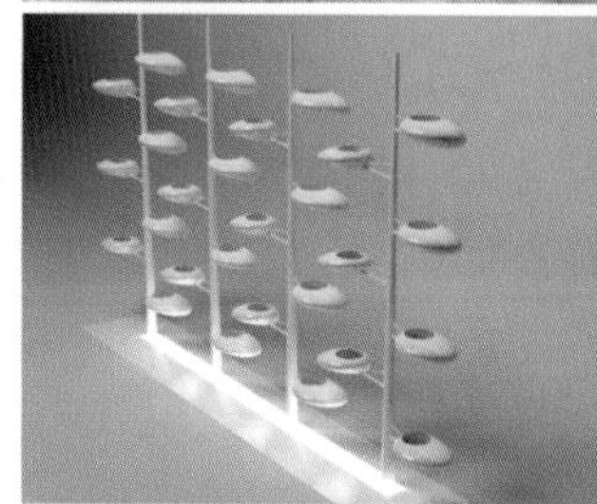

将智能化运用到植物的灌溉当中，可以说是科技与自然的完美融合。拥有自我灌溉系统的盆栽树，放置在阳台、花园等日照条件良好的地方，使整体空间的格调变得简约而又不失科技感。如果在里面栽种蔬菜，那就是一座超现代的家庭小菜园，特别适合工作繁忙却又期望吃到新鲜蔬菜的白领人群。

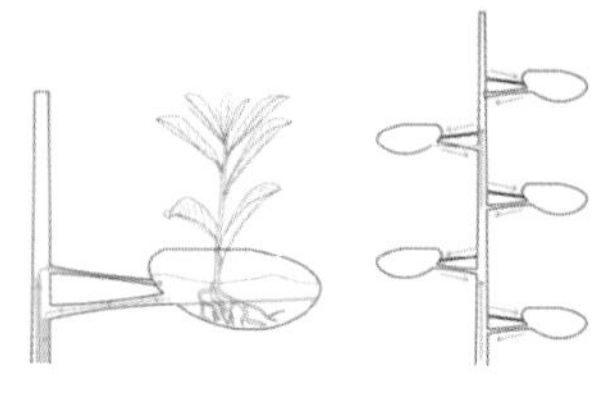

阳台菜园的打造并不复杂，先开辟出一块专门的区域用来种植

蔬菜，在塑料盆或者具有装饰功能的木框里放入土壤，即可开始播种和耕种，体验当一名“都市农夫”的感觉。

另外一种方式则是采用营养液水培的模式进行菜园的规划和种植。建造工艺上，主要有由多层架、水泵和导水管组成，将蔬菜种放在架子上，用导水管连接每一颗蔬菜，启动水泵就能为每一颗蔬菜输送生长所需的营养。

注意事项：

1. 在品种的选择上尽量选择枝叶比较肥大茂盛的蔬菜进行种植，如青菜、花菜、卷心菜、香葱、芥兰等，在种植的同时又能营造绿意盎然的氛围。

2. 种植蔬菜的盆器容积尽量大一些，既能观赏又能满足食用。

3. 盆器的风格尽量选择木质、塑料等材质，此种类型的阳台风格上受到一定限制，所以在装点时尽量贴近田园风格。

TOP4 如何种植果树

如果在花园里栽种一两棵果树，现采现吃绝对新鲜又营养，同时果树的高度又为花园带来新的至高点，使整个布局的节奏感更为强烈，层次感更加分明。

由于家用花园的面积都不会太大，不能成林的栽种果树，所以选择适合的栽种地点才能对花园起到美观优雅的装饰作用。一般来说，在花园的中心位置建议栽种独棵的果树，可以撑起整个布局结构。如果需要栽种两三棵果树，则可以在园路周边分散栽种。而三五棵以上，则建议靠着墙沿种植，以避免造成结构过于散乱的不良后果，又能打造一片纯天然的树阴，或者索性用一整排的果树代替墙体，打造一片清新自然的“树墙”。

在花园里栽种的果树一般以柿子、石榴、柠檬、桃子、苹果等常见且易于种植的品种为主。既基本满足了日常需求，又方便平日打理。一般定期修枝浇水，满足植物生长所需的营养即可。在栽种方式上，建议以破土地面直接栽种的方式为主，能够让果树的根系充分吸收营养，利于生长。如果要种植盆栽果树，就需要事先配置好适合果树生长的中性盆土，并做到定期施肥，并每隔三年左右就要更换一次新的盆土。

第八节 纯手工特色阳台

阳台不单单是一块种植区，它更是居家生活必不可少的一部分。除了体现自然风貌的绿植花卉外，如果能在其中加入一点人为的手工元素，手工打造的装饰品，或者用植物营造出各种造型，一定能为阳台注入一股朴实真挚的生活格调。

藤编的桌椅家具是经典的手工艺品，不着任何工艺痕迹的特质，散发出一阵阵藤条的清香。置身其中，仿佛置身一片古老的森林，使阳台看上去古朴而温馨。

藤条编织而成的沙发和箱子，有棱有角，环保自然。放置在阳台或室内，舒适而又不乏实用性，是一组简约自然的手工家具。

藤编家具韵味的体现，往往体现在内部纵横交错的藤条上。篮子造型的沙发，在外形设计上显得不落窠臼，而内部看似杂乱的藤条布局，却正是手工劳作的随意性所在，也正是这内部错落交织的藤条将沙发提升到了工艺品的程度。

简简单单的藤编桌椅，在颜色上与护栏相呼应，放置在明净的阳台，显得简约而洒脱。既不占太大的地方，又能在藤香中享受一段幽香的时光。

Tips 如何选择藤编家具

1. 藤编家具的选择首先要和整体格局的色系相吻合，如在比较明亮或浅色系的空间当中，藤编家具的颜色也应当相应浅一些；反之亦然。

2. 藤编家具应以手工为主，所以在造型上比较多

变。在选择时，要以空间的布局风格来决定藤编家具的造型风格。如现代风格的阳台比较适宜选择造型简约的藤编家具，而中式风格的阳台或者花园，则比较适合仿古造型的藤编家具。

Tips 如何编织藤条

手工的藤条编织主要以纵横交错、向上收身的手法为主。

1. 藤条须在水中浸泡半小时，阴干后才会有一定的韧性，方可进行编织。
2. 将两根或几根藤条捆成垂直交错的十字形。
3. 然后在经向、纬向以上下交错的方式编入藤条，编织成四散的底部，同时根据需求保持相邻藤条间的距离。

4. 当藤编品的底部达到适合大小时，就要开始进行向上收身，掰其一段的藤条，同样以上下交错的手法进行编织工序，并在编到一定高度时，围入单根的藤条并转向相邻的一侧以同样的手法编织。

5. 达到所须高度后，便可进行收尾工作。如编织一个藤篮，加固一根具有一定弧度的粗藤条当作提手即可。

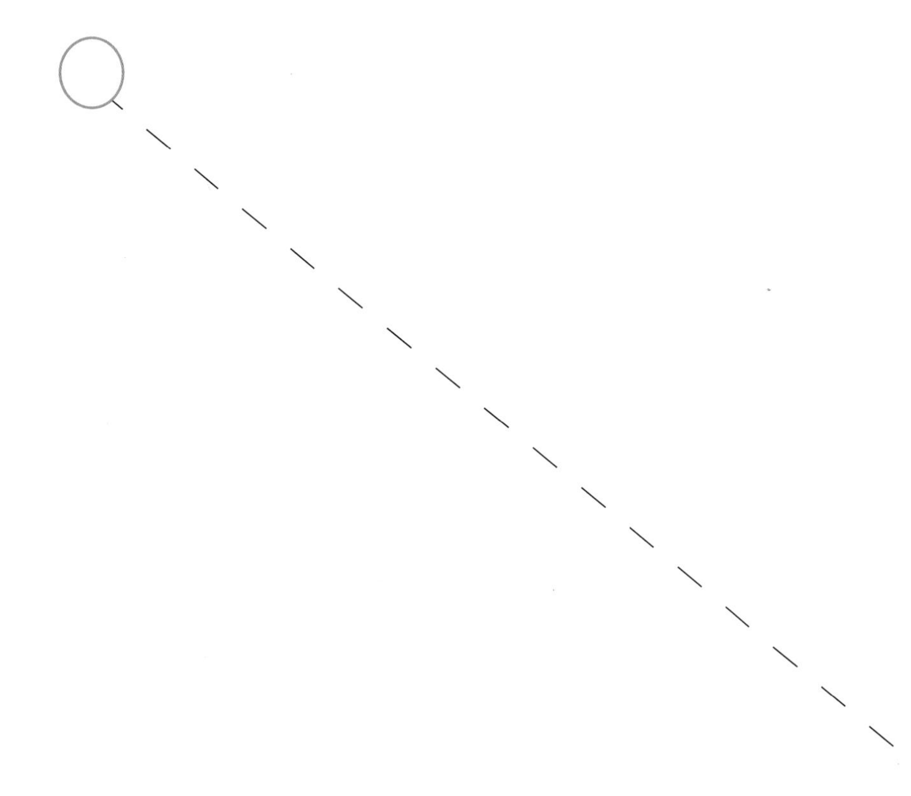

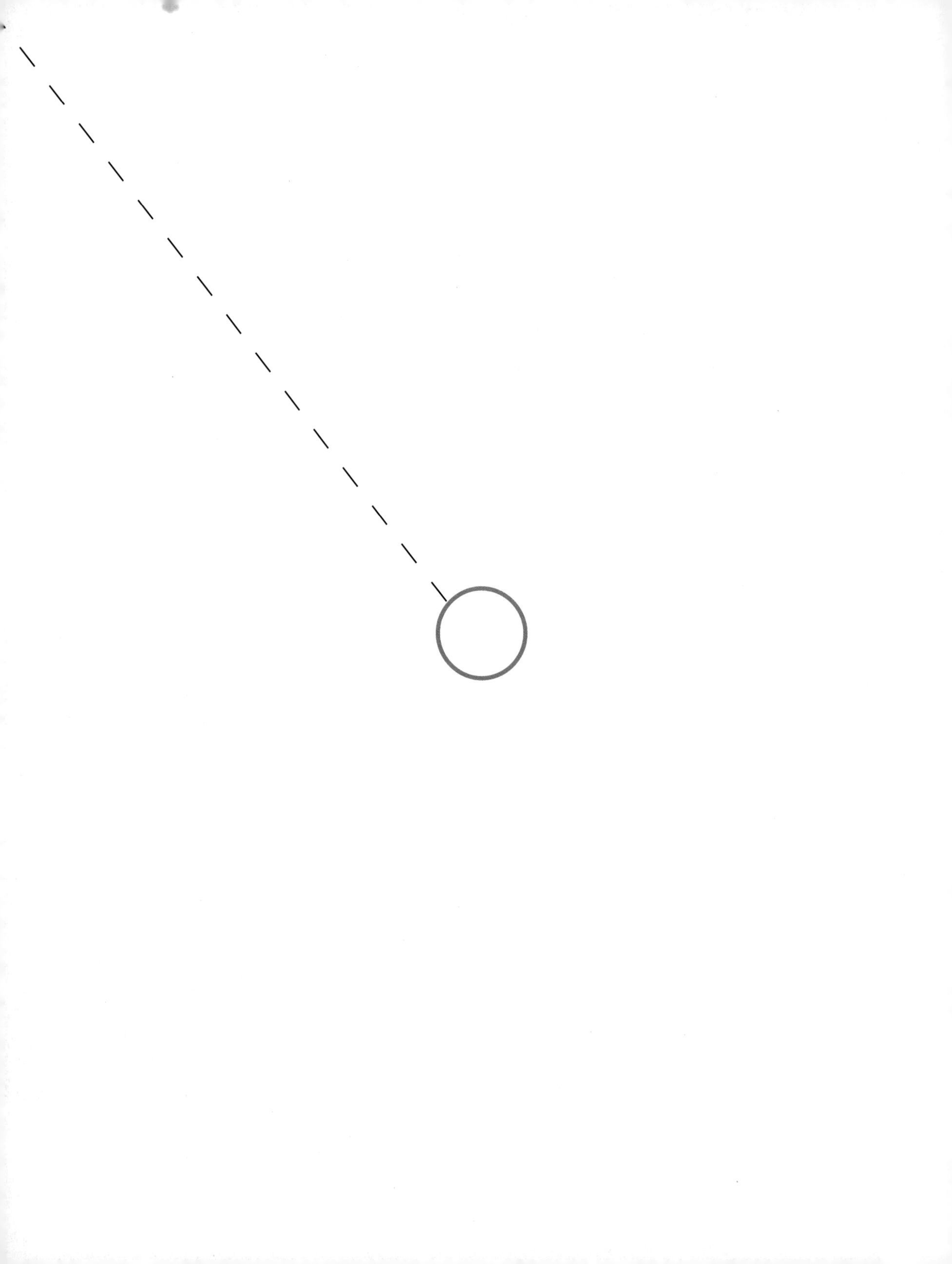